楽しい調べ学習シリーズ

人類の進化大研究

700万年の歴史がわかる

[監修] 河野 礼子

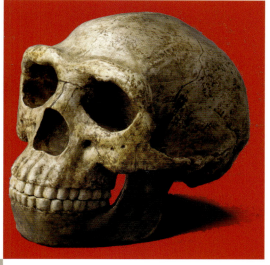

PHP

はじめに

　みなさんは、自分が人間というものの一員であること、そして人間は、イヌやネコ、魚、貝、虫、花、海草、キノコ、イースト菌などと同じように、生物の一種類であることを知っていますか？　私たち人間は、ほかの生物とくらべると、高い知能をもち、複雑な道具をつくり、ことばを使うなど、ずいぶんと変わった存在です。しかし、私たち人間も、ほかの生物と同じように、からだが細胞でできており、外から栄養を取り込み、子孫を残して遺伝子を受けついでいきます。そして、長い時間の進化を通じて今の姿になってきたという点では、ほかの生物と変わりません。

　人間はほかの生物とどこが共通していて、どの部分がちがっているのか、生物としての人間についてくわしく知ろうとするのが、「自然人類学」の研究です。そしてその中でも、人間がいつごろどこに現れて、どのように進化してきたのか、それを調べるのが、私が専門とする「人類進化学」です。

　ヒトの進化について知るためには、進化の様相を直接伝えてくれる、古い人類の化石を探すことがもっとも重要です。化石を見つけるためには、化石の入っていそうな古さの地層を探します。しばしば見知らぬ外国の乾燥した土地や洞窟の中などで、汗を流しながら探します。

　今生きているヒトのDNAからわかることもあります。DNAの配列を調べる実験や解析の技術はどんどん向上していますから、今後さらにいろいろなことがわかってくることでしょう。また、人間の特徴である知能や言語などは化石に

はならないので、人間以外の霊長類や、ほかの哺乳動物を調べて、手がかりを探すということもします。

　このように、ヒトの進化を知るためには、いろいろな研究の方向性があります。また、知っておいたほうがよい事柄もたくさんありますので、実際に研究するのはけっこう大変です。それでも、自分自身につながることですし、また幅広い背景があるからこそ、研究するのはとても楽しいことでもあります。

　この本では、そうしたさまざまな研究の結果わかってきた、ヒトの進化の全体の流れを紹介しています。「わかってきた」とはいっても、まだまだ明らかでないこともたくさん残っていますし、将来の研究によって否定される可能性もないわけではありません。この本でも、なかなか「こうだ！」とはっきりとは書けない部分がたくさんあります。それでも見つかった人類の化石の数は年々ふえていっていますし、少し前とくらべるとかなりいろいろなことがわかってきていますので、この先も少しずつ着実に明らかになっていくと思われます。

　みなさんが今、この本に何かしらの興味をもってくださり、また、いつかこの本のことを思い出して、「あのときはわかっていなかったことが、今はわかっているな」とか、「あの本にはあのように書いてあったけど、今ではこのように考えられているんだな」などと思っていただければ、この本の役目は十分はたせたといえるでしょう。

河野　礼子

©2010. Didier Descouens
"Chopper"

人類の進化大研究

写真提供：国立科学博物館（右の3点も）

PART 1　ヒトとチンパンジーのちがい

- ❶ ヒトとは何か？　8
- ❷ ヒトとチンパンジー どこがちがう？　10
- ❸ 直立二足歩行　12
- ❹ 歯　14
- ❺ 脳の大きさ　16
- ❻ 道具の使い方　18
- ❼ 地球誕生からの歴史　20

コラム　博物館へ行こう　22

画像提供：国立科学博物館

もくじ

PART 2 ヒトはこうして進化した

1. サルの進化　24
2. 人類はアフリカで生まれた　26
3. 森で生まれた？　草原で生まれた？　28
4. 直立二足歩行は何のため？　30
5. 猿人の登場と進化　32
6. 原人・ホモ属の誕生　34
7. 原人の移動　36
8. 旧人の登場　38
9. 新人（ホモ・サピエンス）の誕生　40
10. ホモ・サピエンスの移動　42
11. 脳の進化　44
12. 石器・道具の進化　46
13. 体毛がうすくなる　48
14. 火の使用　50
15. ことばを使いはじめる　52
16. 芸術の誕生　54
17. 農耕のはじまり、文明の誕生　56
18. 日本人のルーツ　58
19. 進化とは何か　60

さくいん　62

画像提供：リトルワールド

写真提供：国立科学博物館

ことばの説明

「**レプリカ**」とは：実物にそっくりなコピー、複製品をさします。シリコン樹脂などで実物の型を取り、その中に石膏やプラスチックを流し込み固めて作ります。化石資料の実物は、それぞれひとつずつしかなく貴重なので、厳重に保管されます。レプリカがあれば、多くの人が博物館などで見ることができ、手軽に研究に利用することもできます。

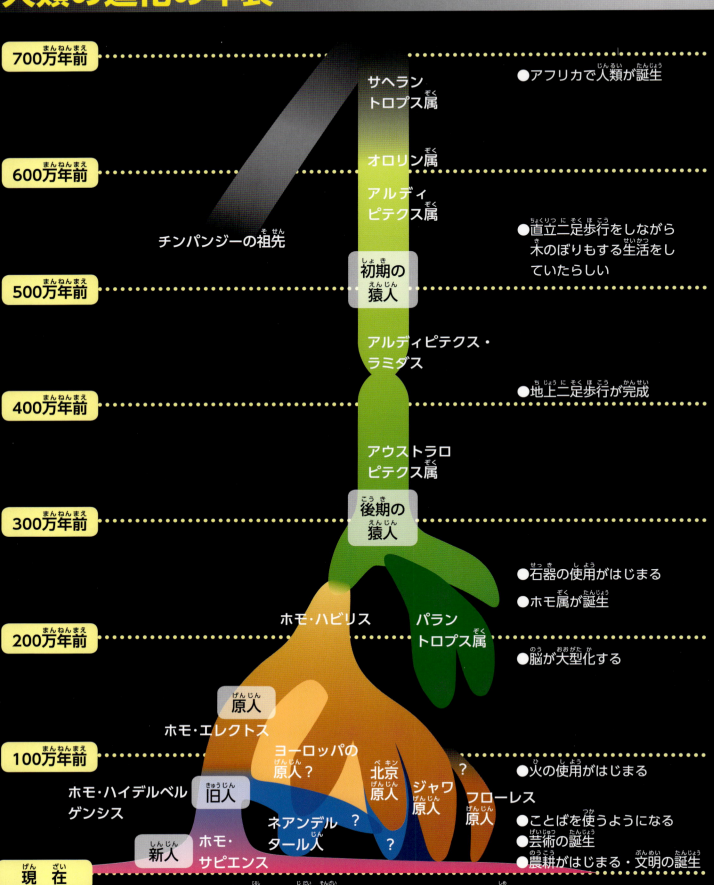

PART 1

ヒトと
チンパンジーの
ちがい

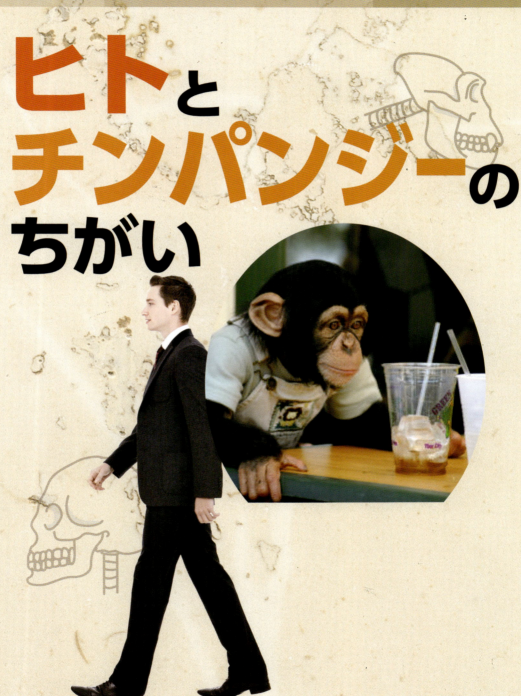

Part 1 ヒトとチンパンジーのちがい❶

ヒトとは何か？

わたしたちは
ヒト（ホモ・サピエンス）
という種です。

ヒトにもっとも近い
ボノボ（ピグミーチンパンジー）

ヒトにもっとも近い
チンパンジー

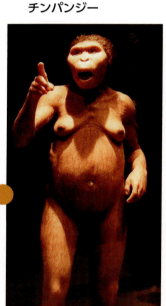

初期の人類である猿人は、こんな姿だったと考えられている。

写真提供：国立科学博物館

ヒト＝ホモ・サピエンスとは？

　私たち「人間」のことを、生物学や人類学という学問では「ヒト」とカタカナで表します。正式な学名は「ホモ・サピエンス」といいます。現在、地球にいる人類は、このヒト、すなわちホモ・サピエンスだけです。
　人類は、地球に登場したときから今のような姿をしていたわけではありません。ヒト（ホモ・サピエンス）が誕生するずっと昔に生まれた初期の人類は、頭は今よりずっと小さくてアゴが出っぱり、腕が長く、からだ全体に毛が生えていたようです。どちらかといえば、今のチンパンジーに近い顔や姿をしていました。
　人類はその後、長い時間をかけて現在の姿にまで進化してきたのです。

人類とは?

現在ヒトにもっとも近い動物は、チンパンジーとボノボ(ピグミーチンパンジー)です。チンパンジーとの共通の祖先から枝分かれしてヒトの祖先が誕生して以来、現在のヒトにつながる枝の側にいたものをすべて合わせて、「人類」とよびます。チンパンジーの次にヒトに近いのがゴリラで、その次がオランウータンです。

もともと「人類」とは、分類学での「哺乳綱(類)・霊長目・ヒト科」というグループのことをさし、現生の大型類人猿のチンパンジー、ゴリラ、オランウータンは、また別のグループに入れられていました。しかしその後、遺伝子などの研究が進んで、チンパンジーやゴリラとのちがいがあまり大きくないことがわかってきたため、現在では「ヒト科」にはヒトと大型類人猿をすべてふくみ、「人類」というまとまりは「ヒト科」の中の一グループとして、「ヒト族」としてあつかう研究者が多くなっています。

チンパンジーから進化したのか?

人類は、チンパンジーに近いものの、今のチンパンジーから進化したのではなく、チンパンジーとの共通の祖先から進化して生まれました。人類が進化してきた時間と同じ時間をかけて、チンパンジーも進化してきているため、今のチンパンジーは共通祖先とまったく同じ生き物というわけではないのです。

人類は、下の図のように進化してきたと考えられています。

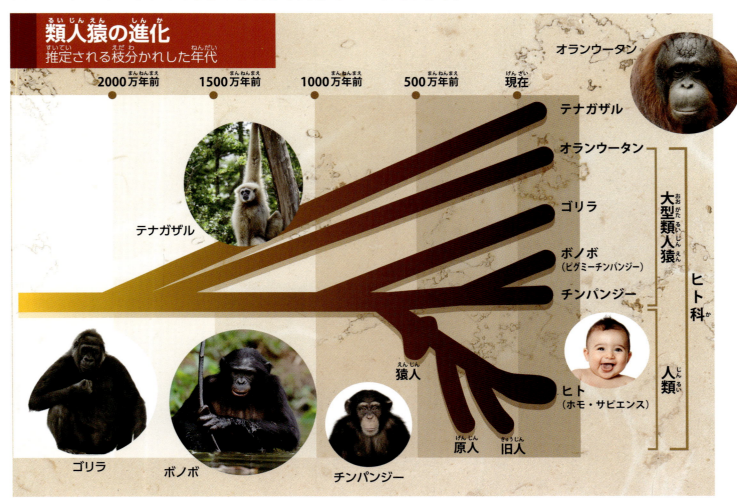

類人猿の進化
推定される枝分かれした年代

Part 1 ヒトとチンパンジーのちがい❷

ヒトとチンパンジー どこがちがう？

　ヒトに近いとされるチンパンジー。ヒトとチンパンジーは共通の祖先をもっていますが、顔つきも、大きさも、形も、行動もちがいます。では、具体的にどこがちがうのでしょうか。
　大きなちがいのひとつは、チンパンジーは基本的に四本足で歩くのに対し、ヒトは二本足でまっすぐ立って歩くことです。ほかにも、ヒトは高度な道具を使う、火を使う、ことばを話す、音楽や絵やおしゃれを楽しむなど、チンパンジーにないさまざまな特徴があります。ここでは、おもなちがいをまとめました。
　12ページから、とくに大きなちがいについて順に見ていきます。

ヒトは直立二足歩行をする ➡ P.12、30

犬歯の大きさがちがう ➡ P.14

チンパンジーは基本的に四足歩行をします。

チンパンジーの頭の骨

犬歯

チンパンジーの犬歯は大きくとがっています。

犬歯　　ヒトの頭の骨

ヒトとチンパンジーのちがい ❷

脳の大きさがちがう ➡P.16、44

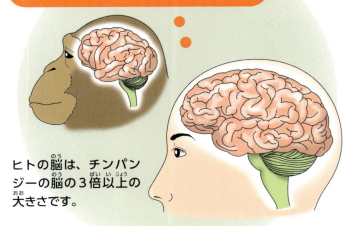

ヒトの脳は、チンパンジーの脳の3倍以上の大きさです。

道具の使い方がちがう ➡P.18、46

チンパンジーも単純な道具を使うことがありますが、ヒトは非常に高度で複雑な道具をつくり、使うことができます。

ヒトは火を使う ➡P.50

画像提供：リトルワールド

ヒトは、さまざまな目的で火を使います。

ヒトはことばを話す ➡P.52

チンパンジーは、ことばを話すことができません。

ヒトは音楽や絵やおしゃれを楽しむ ➡P.54

芸術を楽しむのはヒトだけです。

ヒトは体毛がうすい ➡P.48

チンパンジーはからだじゅうが毛におおわれていますが、ヒトはうすいうぶ毛だけです。

ヒトは農業で食料を生産する ➡P.56

チンパンジーは木の実などを採って食べるだけで、食料を生産することはできません。

Part 1 ヒトとチンパンジーのちがい❸
直立二足歩行

ヒト

背骨がS字に曲がっている。

骨盤の幅が広く、上下に短い。

足が長い。

体重をささえるかかとの骨が大きい。

ヒトとチンパンジーの歩行姿勢のちがい

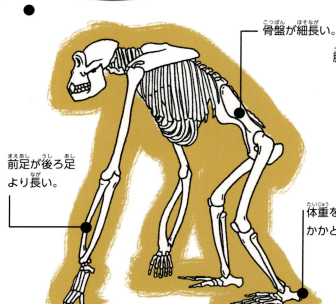

チンパンジー

骨盤が細長い。

腕は短い。

前足が後ろ足より長い。

体重をささえるかかとの骨が小さい。

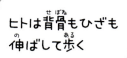

ヒトは背骨もひざも伸ばして歩く

二足歩行をするチンパンジー

ヒトとチンパンジーの歩行姿勢のちがい

人類は700万年ほど前に誕生したと考えられていますが、最古の人類も、直立二足歩行をしていたようだといわれています。

直立二足歩行は、人類の大きな特徴のひとつです。

チンパンジーも二本足で立って歩くことができます。ボノボやゴリラもできます。ただ、ヒトとは歩く姿勢がちがいます。チンパンジーやボノボが歩くときは、上半身がやや前かがみになり、ひざも伸びきりません。一方、ヒトは上半身もひざも伸ばして歩きます。

まっすぐ立って歩けるため、ヒトは長時間歩いたり、二本足で走ったりすることもできます。

ヒトとチンパンジーのちがい ❸

もっと知りたい
ナックルウォーク

チンパンジーはときどき後ろ足だけで移動しますが、基本的には四本足で歩きます。前足の指を軽くにぎり、指のまん中の節の甲の側を地面につける歩き方で、「ナックルウォーク」といいます。イヌやネコなど四足歩行する多くの動物は、歩くとき後ろ足より前足に体重がかかります。これに対しナックルウォークでは、後ろ足により多く体重がかかります。ゴリラやボノボもナックルウォークをしますが、同じ大型類人猿でも、オランウータンはナックルウォークをしません。ただ、どちらかというと、後ろ足に体重をかけて歩くようです。

ナックルウォークをするチンパンジー

イヌは、後ろ足より前足に体重をかけて歩く。

ナックルボール
指の関節は英語でナックル。野球で指を曲げ、指の関節で押し出すように投げる変化球の一種を、ナックルボールという。

©2006.Waldo Jaquith "Wakefield Throws a Knuckleball"

ここがポイント

足の形がちがう

チンパンジーの足の親指は、ほかの指と向きあっている。木のぼりに向いている。

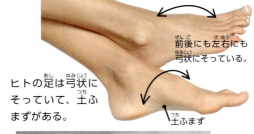

前後にも左右にも弓状にそっている。

ヒトの足は弓状にそっていて、土ふまずがある。

土ふまず

チンパンジーの足は土ふまずがなく平ら。

ヒトの足は、前後にも左右にも弓状にそっています。そのへこんだ部分が土ふまずです。ヒトは、土ふまずがあることで、長い距離を歩いても疲れません。
一方、チンパンジーの足は土ふまずがなく平らで、長い距離を歩くのには向いていません。またチンパンジーの足の親指は、手の親指と同じようにほかの指と向きあうことができるため、ものをつかみやすく、木のぼりをしやすくなっています。

Part 1 ヒトとチンパンジーのちがい ❹

歯

犬歯がちがう

チンパンジーと初期の人類との大きなちがいは、直立二足歩行ともうひとつ、犬歯にあるとされています。

ヒトもチンパンジーも、歯の数は32本で同じです。しかしチンパンジーの犬歯はするどくとがって、ほかの歯がならんだ列の中で大きく突き出ています。とくにオスの犬歯が目だって大きいのが特徴です。

一方、ヒトの犬歯は小さく、ほかの歯とほぼ同じ高さになっています。これは人類が誕生して間もないころからの特徴とされています。

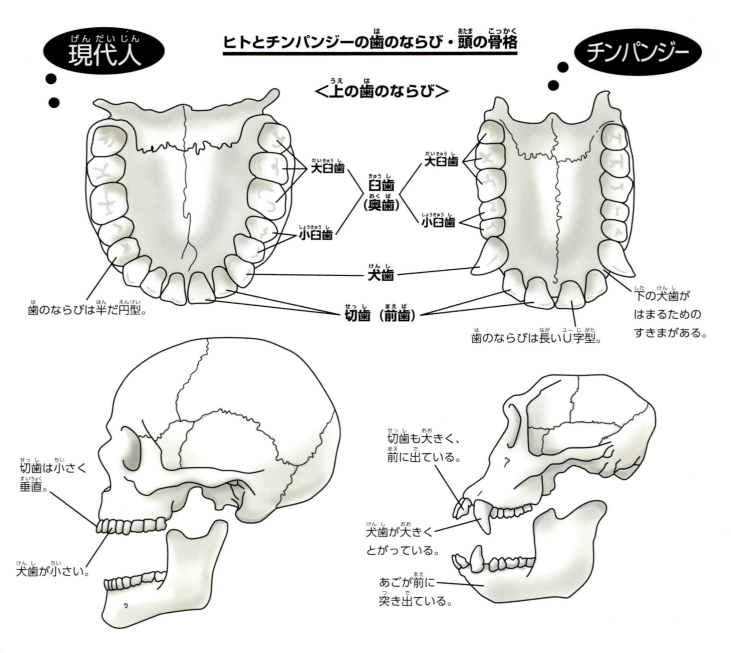

ヒトとチンパンジーの歯のならび・頭の骨格

現代人 / チンパンジー

＜上の歯のならび＞

大臼歯 / 小臼歯 / 犬歯 / 切歯（前歯）
臼歯（奥歯）

歯のならびは半だ円型。

歯のならびは長いU字型。
下の犬歯がはまるためのすきまがある。

切歯は小さく垂直。
犬歯が小さい。

切歯も大きく、前に出ている。
犬歯が大きくとがっている。
あごが前に突き出ている。

チンパンジーやほかのサルのオスの犬歯が大きいのは、直接闘いに使うというよりは、オス同士で争うときに大きさを競いあったり、メスに強さをアピールしたりするためのようですが、人類ではそのような必要がなくなったようです。なぜ、必要がなくなったのでしょうか。その理由として、人類は武器をつくれるようになったために、敵やライバルに犬歯を見せて脅すこともなくなったからとか、別の方法でメスにアピールするようになったからなど、いろいろな説があります。

歯のエナメル質が厚い

チンパンジーとヒトでは、もうひとつ、奥歯（臼歯）のエナメル質の厚さにちがいがあります。人類は遠い昔、森での生活からしだいに草原での生活にうつっていったと考えられています。そのため食べるものが変わりました。森では、やわらかい果物の実をおもに食べていましたが、草原では、草の根やかたいマメなども食べるようになりました。そのことから、奥歯（臼歯）が大きくなり、エナメル質も厚くなったと考えられています。とくにヒトの古い祖先の猿人たちは、奥歯（臼歯）が非常に大きく、エナメル質もたいへん厚かったようです。今のヒトは、歯の大きさはチンパンジーとほとんど変わりませんが、エナメル質が厚いことだけは猿人から受けついでいるようです。

ここがポイント 歯からさまざまなことがわかる

歯を見ると、その動物が何を食べているかがわかります。

たとえば肉しか食べないライオンやトラや犬の歯は、するどくとがった刃のようになっていて、上下の歯をハサミのようにすれちがわせることによって、かみ切りにくい肉をうまく切りさくことができます。

一方、草食動物で肉を食べないウシやウマ、ヒツジの歯は、あまりとがっておらず、エナメル質がうすい板のようになって縦にならんでいます。これらのかたい板のならんだ上下の歯を前後や左右にこすり合わせることによって、草や葉のかたい繊維をすりつぶすことができるのです。ぎざぎざがならんだ昔の洗濯板に似ています。また、こうして上下の歯をこすり合わせると、歯がどんどんすりへっていくので、ウシやウマなどの奥歯（臼歯）の高さは、進化するうちにとても高くなりました。

クマやイノシシなどの雑食の動物の歯は、肉食動物と草食動物のちょうど中間のような形をしており、丸みをおびていることが多いです。

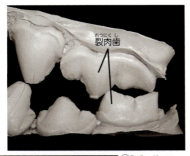

ハイエナの歯のレプリカ。口の奥にある上下の裂肉歯という歯を、はさみのようにすれちがわせることで、肉をひきちぎる。

©Reiko Kono

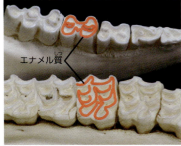

ウシ（上）とウマ（下）の歯。エナメル質の板がならんでいる。

Part 1 ヒトとチンパンジーのちがい⑤

脳の大きさ

動物の脳

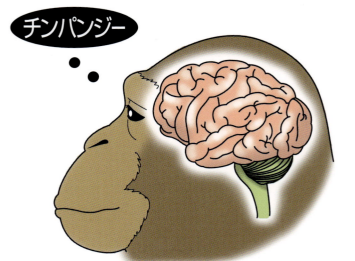
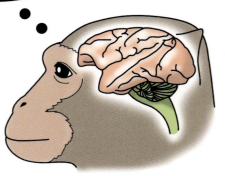
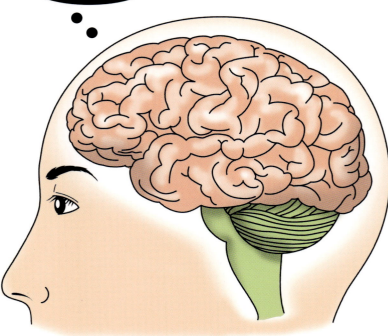

はじめは同じくらいだった

　現在のヒトとチンパンジーの脳のサイズは、大きく異なります。ヒトの脳は1200〜1500ccほどで、400ccほどのチンパンジーのおよそ3倍以上もあります。ただ、人類が誕生したころの脳の大きさは400ccほどでした。ですから脳のサイズは、人類とチンパンジーのちがいを決定づけるものではないのです。

　脳は人類の進化の過程で大きくなっていきました。それも、人類が地球に誕生して400万年くらいたってから大きくなりはじめ、その後どんどん大きくなっていったと考えられています。

動物の脳の大きさ

さまざまな動物の脳の大きさを見てみましょう。体の大きい動物と小さい動物がいるので、脳の重さを単純にくらべるのは不公平です。たとえば背骨のある脊椎動物でもっとも小さいものの体重は10gくらい、もっとも大きいものは100tもあります。脳の重さも1gくらいから5kgくらいのものまであります。

そこで、右のグラフのように、体重に対する脳の重さで比較をします。

これを見ると、ヒトの脳が体重に対して重いということがわかります。

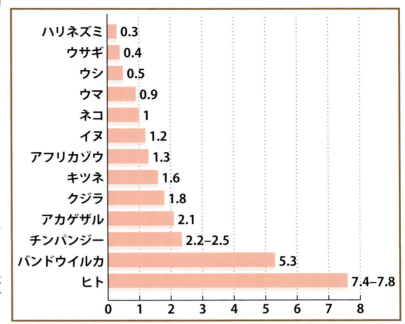

体重に対する脳の大きさ（EQ）

動物	EQ
ハリネズミ	0.3
ウサギ	0.4
ウシ	0.5
ウマ	0.9
ネコ	1
イヌ	1.2
アフリカゾウ	1.3
キツネ	1.6
クジラ	1.8
アカゲザル	2.1
チンパンジー	2.2–2.5
バンドウイルカ	5.3
ヒト	7.4–7.8

解説：EQ（脳化指数）＝ 定数×脳の重量÷体重$^{2/3}$
体重に見合った脳の大きさに対し、どのくらい大きい脳をもっているかを示したもの。体重が重い動物ほど、脳もそれに比例した値以上に重くなる傾向があるため、脳の重さを単純に体重で割るのではなく、その点を考慮した計算式を使う。この数値は知能のレベルを比較する目安にはなるが、知能とEQが完全に比例するわけではなく、これだけで知能を測ることはできない。とくに同じ種の中での比較には使えないとされる。たとえばチワワはイヌのなかでもEQが高いが、大型犬より知能が高いとはいえない。

脳の構造のちがい

脳の構造についても、ヒトとチンパンジーのあいだに大きなちがいがあります。ヒトの脳は前に大きく出ています。この出ている部分は「前頭前野」とよばれ、ものごとを考えたり想像をしたり、感情をコントロールしたり、やる気を出したりなど、人間としての重要な役割をになっている部分です。ヒトの前頭前野の体積は、チンパンジーの5倍程度といわれています。

また、ことばをつかさどる「運動性言語野」とよばれる部分が発達していることも、チンパンジーにはない特徴です。ことばを使うことで、さまざまなことを長いあいだ記憶できるうえ、抽象的なことが考えられるようになりました。また、ことばによって新たな発明や技能や知恵をほかの人に伝えられるようになり、はじめからやり直すことなく次の段階に進めるようになったため、文明が発達することになったと考えられています。

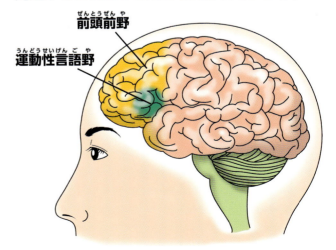

Part 1 ヒトとチンパンジーのちがい❻
道具の使い方

人間が使っている道具いろいろ

現存する最古の道具は打製石器

ヒトの特徴のひとつに、道具を使うことがあげられます。直立二足歩行をするようになって手が自由になり、さまざまな道具を使うようになったものと考えられています。

現在まで残っている道具としてもっとも古いものは、石を打ちかいてつくった打製石器とよばれるものです。かたいものをこの石器でつぶしたり、骨についた肉をこそげとったりして食べていたと考えられます。

木や骨を使ってつくった道具も古くからあったかもしれませんが、現在まで道具の形のまま残ることがむずかしく、出土しても道具とわかりにくいため、いつごろからどのように使っていたかはっきりしていません。

©2010. Didier Descouens "Chopper" ⓒⓒ

オルドヴァイ型石器。アフリカ、タンザニア北部のオルドヴァイ渓谷などで見つかった、最古の石器とされるもの。石ころを打ちかいてつくったもので、解体された動物の骨とともに発見されている。260万年前から150万年前ごろまで、このような石器を使っていたと考えられている。

チンパンジーの道具とどこがちがう？

チンパンジーも道具を使うことができます。たとえば野生のチンパンジーは、シロアリを食べるときに木の枝を蟻塚に差しこみ、つりだして食べます。チンパンジーはこの枝を適当にひろってそのまま使うのではなく、ちょうどよい長さに折り、葉っぱを歯や指で取りのぞいて、「つり道具」につくりあげてから使うのです。また、石を使ってかたい木の実を割ったり、葉っぱをかんでくちゃくちゃにし、スポンジのようにやわらかくして木の穴に入れて水をしみこませ、その水を飲んだりすることも知られています。

ただし、人類がやってきたように、石器を計画的に打ちかいてよく切れるものにするなどということはできません。

シロアリつりをするチンパンジー

葉っぱをくちゃくちゃにして木の中に入れ、水分をしみこませる。
©Etsuko Nogami

ヒトはチンパンジーと、ほかにもここがちがう！

体毛がうすい ➡P.48　　**ことばを使う** ➡P.52

火を使う ➡P.50

絵や音楽を楽しむ ➡P.54

農業で食料を生産する ➡P.56

おしゃれをする ➡P.54

Part 1 ヒトとチンパンジーのちがい ❼
地球誕生からの歴史

私たちが住むこの地球は、いつごろ生まれ、生き物はいつごろ誕生したのでしょうか。地球誕生から現在までの歴史を図で見てみましょう。

138億年前ごろ
ビッグバン
宇宙は、ビッグバンとよばれる大爆発からはじまったといわれている。

46億年前ごろ
地球誕生
生まれたばかりの太陽のまわりをまわっていた、ちりなどの小さな固体が集まって、地球やそのほかの惑星ができた。

43億〜40億年前ごろ
海ができる
誕生したばかりの地球には水蒸気がたくさんあったが、冷えてくると水蒸気が雨となってふりそそぎ、海ができたといわれている。

10億年前ごろ
細胞が多数ある生物が生まれる

6億年前ごろ
多様な多細胞生物が現れる
最古の化石らしい化石、エディアカラ動物群。

5億4000万年前ごろ

体の中や外にかたい組織をもつ多様な動物が現れる
このことをカンブリア大爆発という。多くの化石がよい状態で残されているバージェス頁岩動物群も有名。

4億3000万年前ごろ
地上性の植物が本格的に登場する

4億2000万年前ごろ

魚の仲間が繁栄する

3億7000万年前ごろ
両生類の仲間が誕生する
カエルやサンショウウオなど。

6500万年前ごろ
恐竜が絶滅する
巨大な隕石が地球に衝突し、粉塵によって日光がさえぎられ寒冷化するなど、地球の環境や気候が大きく変わったことが原因とする説が有力。

6500万年前ごろから
哺乳類が繁栄する
それまでの哺乳類はからだも小さいものが多く、雑食で、体温をほぼ一定にたもつことができたため、生きのびることができたと考えられている。

700万年前ごろ
人類誕生

現在

画像提供：リトルワールド

ヒトとチンパンジーのちがい ❼

生物の誕生
最初の生物は、細胞が1個しかなく核をもたない生物（単細胞生物）で、細菌やバクテリアの一種だったと考えられている。酸素のないところで増殖した。

40億年前ごろ

海にラン藻類が誕生
ラン藻類は光合成によって酸素を出すようになる。

27億年前ごろ

21億年前ごろ

真核生物誕生
核をもつ生物がはじめて誕生する。

19億年前ごろから

大陸が生まれる
火山活動がさかんになり、はじめて巨大な大陸が出現する。

20億年前ごろから

オゾン層がつくられはじめる
大気中に酸素が多くなり、酸素原子3つから成るオゾンの層ができ、有害な紫外線を遮断するようになる。

20億年前ごろ

酸素がふえる
海の中に酸素ができはじめる。それまで大量にあった酸素は、海中にあった鉄イオンと結びついて鉄鉱石になっていった。しかし鉄イオンがすべてなくなると、海中に酸素が生まれ、さらに空中にも放出される。

3億3000万年前ごろ

は虫類の仲間が現れる
トカゲやワニ、ヘビなど。

2億5000万年前ごろ

生物が大量絶滅する
三葉虫など海洋生物種の9割以上、陸上生物種の7割以上が姿を消したともいわれる。

2億2000万年前ごろ

哺乳類が登場
子どもをお乳で育てる哺乳類が生まれる（ネズミのような小動物）。

2億年前ごろ

恐竜が繁栄する

1億2500万年前ごろ

有胎盤類が登場
哺乳類の中でも、胎児を母親のおなかの中で育てる動物が登場する。

1億3000万年前ごろ

花をもつ植物（被子植物）が出現

1億5000万年前ごろ

最古の鳥類とされる「始祖鳥」が出現

21

国立科学博物館

博物館へ行こう

貴重な標本を保存・展示

　みなさんは、博物館へ行ったことがありますか。地域にある歴史・民俗博物館などには、足を運んだことがあるかもしれませんね。「鉄道博物館」「恐竜博物館」「マンガ博物館」などなら、行ったことがあるという人も多いでしょう。

　博物館とは、歴史や自然科学などさまざまな分野について集められた、価値のある遺物や標本、資料などを保存し、展示している施設です。

　多くの博物館では、常設の展示だけでなく、テーマをもうけた展覧会やイベントを開催したり、子どもたちが楽しく遊んだり体験したりしながら学べる工夫をしています。また、専門のスタッフや研究員が、古い資料の修復をしたり、研究活動をおこなったりしています。

国立科学博物館には首長竜の化石も

　国立の博物館もいくつかあります。中でももっとも歴史のある博物館のひとつが、420万点もの貴重な標本や資料が保管されている国立科学博物館です。東京・上野の、上野動物園の近くにあります。

　生き物、科学、宇宙、歴史、そしてこの本があつかっている人類の進化など、科学全般についての興味深い展示物がたくさんならんでいます。

　中でも人気が高いのは、首長竜、フタバスズキリュウの本物の化石。ほぼ完全に復元されており、その海を泳ぐような姿に圧倒されます。当時高校生だった鈴木直さんが発見したことでも有名です。また、哺乳類と鳥類の剥製が数百体展示されているフロアも、迫力満点。展示を通して、生態系の豊かさを実感することができます。

　「生物の進化」のコーナーでは、およそ40億年前に誕生した生命が、地球環境が大きく変動する中でどのように進化をとげてきたか、さらに、どのようにして哺乳類から人類が生まれ、現代人の誕生にいたったかを、わかりやすく紹介しています。この本で写真を紹介している、猿人や原人、旧人などの実物大の複製やたくさんの化石も、見ることができます。

　博物館は、わくわくしながら楽しく学べるところです。おうちの人や友だちといっしょに、ぜひいろいろな博物館に行ってみましょう。

この本で紹介している猿人、原人、旧人の生体復元模型

日本ではじめて発見されたフタバスズキリュウの化石の復元骨格標本。首長竜としては国内でもっとも完全な化石でもある。

国立科学博物館
- 場　所：東京都台東区上野公園7-20
- 開館時間：9～17時（入館は16時30分まで）
　　　　　　金曜日のみ9～20時（入館は19時30分まで）
- 休館日：毎週月曜（月曜が祝日の場合は火曜）、年末年始（12月28日～1月1日）
- 入場料：常設展示：一般・大学生620円、高校生以下無料
- ★地球館の一部が、2015年7月まで、改修のため閉鎖

屋外の博物館、江戸東京たてもの園（東京・小金井市）。江戸から昭和初期までの貴重な建物を展示している。

写真提供：右下・江戸東京たてもの園、それ以外・国立科学博物館

PART2
ヒトはこうして進化した

写真提供：国立科学博物館

Part 2 ヒトはこうして進化した❶
サルの進化

ワオキツネザル

サルの進化の系統図

- アダピス類 → キツネザル、ロリスなど
- オモミス類
  - メガネザル → メガネザルなど
  - 真猿類
    - 広鼻猿類（新世界ザル） → クモザル、リスザルなど
    - 狭鼻猿類
      - 旧世界ザル（オナガザル類）
      - 類人猿

7000万年前
6500万年前
5500万年前

この項目であつかっているおもな年代を示しています

700万年前
人類の誕生
現在

6500万年前にサルの仲間が誕生？

生物学では、ヒトもサルの仲間で、サルやゴリラ、チンパンジー、ヒトなどのグループを「サル目」または「霊長目」とよんでいます。一般的には、サルの仲間のことを「霊長類」といいます。

現在、霊長類には全部で220ほどの種があります。ヒトを除くと、そのほとんどが熱帯から亜熱帯の森林にすんでいます。

最初のたしかな霊長類は、6500万年ほど前から見つかり、5500万年ほど前になると、アダピス類とオモミス類といわれる2つのグループのサルが登場します。アダピス類からは現在のキツネザルの仲間が進化し、オモミス類からはメガネザルの仲間と、クモザルやニホンザル、ゴリラなどの「真猿類」という仲間に進化してきました。ヒトも真猿類にふくまれます。

真猿類の種類

真猿類は、さらに、左右の鼻の穴が広くはなれていて外側に向いていることが特徴の広鼻猿類と、左右の鼻の穴の間隔がせまく下を向いている狭鼻猿類に分かれます。

広鼻猿類は南アメリカに生息し、新世界ザルともよばれています。しっぽが長いサルが多く、おもに木の上で生活しています。

狭鼻猿類は、アフリカやアジアに生息し、

ヒトはこうして進化した ❶

クモザル。広鼻猿類はしっぽの長いものが多い。クモザルは尾でも枝をつかむ。
©2005. Lea Maimone "Ateles-geoffroyi"ⒸⒸ

リスザル
©2007.Luc Viatour "Saimiri sciureus"ⒸⒸ

ニホンザル

テングザル
©2010.David Dennis "Proboscis Monkey in Borneo"ⒸⒸ

ニホンザル、テングザル、マンドリルなど

- 小型類人猿　テナガザル
- 大型類人猿　ゴリラ、チンパンジーなど
- ヒト

ニホンザルなどのいわゆるサルたち（旧世界ザルまたはオナガザル類）と、より人間に近い類人猿とに分けられます。旧世界ザルにはほかにもテングザル、マンドリル、アカゲザルなどがいて、森林だけでなく、岩場や草原などさまざまなところで生活しているものがいます。

類人猿

「類人猿」は、さらに小型類人猿（テナガザル）、大型類人猿（ゴリラ、チンパンジー）、そしてヒトに分けられます。

ヒトとチンパンジーの共通の祖先から人類が分かれたのは、700万年ほど前と考えられています。

霊長類の特徴
（すべての霊長類にあてはまるわけではない）

脳
ほかの動物にくらべて連合野という部分が大きい。したがって、状況の変化に応じて柔軟に行動を変えることができる。

目
両目が前を向いていて、ものを立体的に見ることができる。木から木へととびうつるのに、距離をつかみやすい。また色を見分ける色覚がすぐれていて、果物を見つけやすい。

手・足
指は5本あり、親指がほかの指と向き合うようになっていて、木の枝をつかみやすい。つめは鍵形ではなく平らな形。

もっと知りたい

サル？ ネズミ？ プレシアダピス類

6500万年前から5500万年前ごろの化石が知られる、プレシアダピス類とよばれる動物は、小さな頭に長いしっぽをもち、キツネザルに似た姿をしていたと考えられています。霊長類に似て親指に平たいつめがある種類もいたようですが、ネズミのように長くて曲がった前歯という、霊長類とは思えない特徴があったり、歯の本数が初期の霊長類よりも少ない種類もいたりしました。プレシアダピス類が霊長類の祖先といえるのかどうか、研究者によって意見が分かれています。

©Masanaru Takai

プレシアダピス類の下あごの骨（上）とネズミの下あごの骨（下）
©Reiko Kono

Part 2 ヒトはこうして進化した❷
人類はアフリカで生まれた

最古の人類化石、チャドで発見

私たちの遠い祖先である最初の人類は、アフリカで生まれたと考えられています。2001年に中央アフリカのチャドで、今から700万年前から600万年前ごろのものとされる猿人の頭の骨が発見されました。脳の大きさはチンパンジーと変わらないほど小さいものでしたが、頭の骨から背骨につながる穴の位置から、直立二足歩行をしていたことがわかりました（P.31参照）。この猿人は、また犬歯も小さかったことから、人類であるとされ、サヘラントロプスと名づけられました。サヘランとは、サハラ砂漠の南という意味です。

アフリカで多くの化石が発見される

次に古いとされるオロリンという猿人の人骨も、アフリカのケニアで見つかりました。長いあいだ最古の人類とされてきたアウストラロピテクスも、1924年にアフリカで頭の骨が発見されています。

ほかにもアフリカでいくつもの猿人の化石が見つかっています。

タンザニアのラエトリでは、猿人が二足歩行をした足跡が見つかっています。360万年ほど前のアウストラロピテクス・アファレンシスのものと見られています。

チャドで発見された、サヘラントロプスの頭骨の化石
©Michel Brunet

タンザニアのラエトリ遺跡に残っている、アウストラロピテクス・アファレンシスのものと見られる足跡の模型。右の大きいほうの足跡は、2個体分の足跡が重なっているように見える。親指がほかの指と向きあっているサルとちがい、親指がほかの4本の指と平行になっている。

写真提供：国立科学博物館

7000万年前

700万年前

人類の誕生

現在

アフリカで見つかった人類のおもな化石の地図

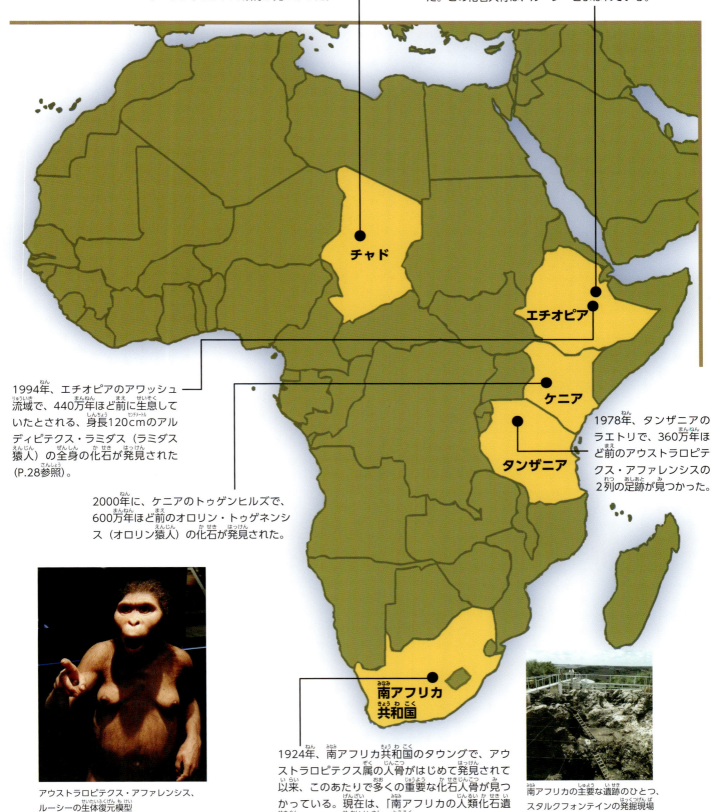

2001年、チャドで最古の人類とされるサヘラントロプスの頭骨が見つかった。

1974年、エチオピアのハダールで、320万年ほど前のアウストラロピテクス・アファレンシス（アファール猿人）の、全身のおよそ40％にあたる骨が見つかった。この化石人骨は、ルーシーとよばれている。

1994年、エチオピアのアワッシュ流域で、440万年ほど前に生息していたとされる、身長120cmのアルディピテクス・ラミダス（ラミダス猿人）の全身の化石が発見された（P.28参照）。

2000年に、ケニアのトゥゲンヒルズで、600万年ほど前のオロリン・トゥゲネンシス（オロリン猿人）の化石が発見された。

1978年、タンザニアのラエトリで、360万年ほど前のアウストラロピテクス・アファレンシスの2列の足跡が見つかった。

アウストラロピテクス・アファレンシス、ルーシーの生体復元模型
写真提供：国立科学博物館

1924年、南アフリカ共和国のタウングで、アウストラロピテクス属の人骨がはじめて発見されて以来、このあたりで多くの重要な化石人骨が見つかっている。現在は、「南アフリカの人類化石遺跡群」として世界遺産に登録されている。

南アフリカの主要な遺跡のひとつ、スタルクフォンテインの発掘現場
©2005.PZFUN "Sterkfontein Cave"

Part 2 ヒトはこうして進化した❸
森で生まれた？草原で生まれた？

700万年前

440万年前

現在

ラミダス猿人のくらしの想像図。広々とした草原というより、身近に木々のある場所に住んでいたものと考えられている。

画像提供：国立科学博物館

ラミダス猿人の頭骨デジタル復元画像　©Gen Suwa

木のぼりをしていた

人類の祖先は森で生まれたのでしょうか。それとも草原で生まれたのでしょうか。

最初の人類は草原でくらしていたと、長いあいだ考えられていました。森から出て草原でくらすようになったため、直立二足歩行をするようになって進化した、と見られていたのです。

ところが、1994年にアフリカのエチオピアで、

440万年ほど前のものと見られるアルディピテクス属のラミダス猿人（アルディピテクス・ラミダス）の全身の骨の化石が発見され、長い期間をかけて復元されました。手足などもふくめた、猿人ひとり分の骨のかなりの部分がまとまって見つかったことから、有名になりました。この人骨の化石を分析したところ、ある程度木のしげった場所に住んでいた可能性が高いことがわかってきました。

骨の構造から、平地では二足歩行をしていたと見られる一方、チンパンジーのように足の指で枝をつかむことができ、木のぼりをしていたと考えられたのです。また土ふまずがないことから、長い距離を歩くことは苦手だったようです。

あごと歯の特徴やいっしょに出土した化石から、木の実や果物、昆虫、小動物などを食べていたと考えられています。

ラミダス猿人の特徴

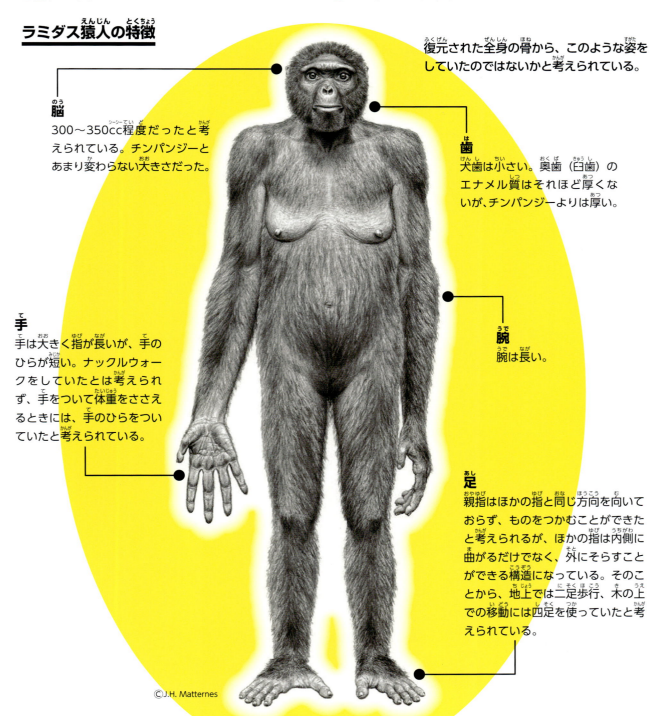

復元された全身の骨から、このような姿をしていたのではないかと考えられている。

脳
300〜350cc程度だったと考えられている。チンパンジーとあまり変わらない大きさだった。

歯
犬歯は小さい。奥歯（臼歯）のエナメル質はそれほど厚くないが、チンパンジーよりは厚い。

手
手は大きく指が長いが、手のひらが短い。ナックルウォークをしていたとは考えられず、手をついて体重をささえるときには、手のひらをついていたと考えられている。

腕
腕は長い。

足
親指はほかの指と同じ方向を向いておらず、ものをつかむことができたと考えられるが、ほかの指は内側に曲がるだけでなく、外にそらすことができる構造になっている。そのことから、地上では二足歩行、木の上での移動には四足を使っていたと考えられている。

©J.H. Matternes

Part 2 ヒトはこうして進化した❹
直立二足歩行は何のため？

700万年前

人類は、なぜ二本の足でまっすぐ立って歩くようになったのでしょうか。その理由はまだはっきりとはわかっていません。

かつては、森林がへり、サバンナといわれる草原が拡大したため、地上での生活に適応しなくてはならなくなったからという説が有力でした。しかし、近年では木の多いところに住んでいたときから直立二足歩行をしていたことがわかってきました。

ここでは、さまざまな説を紹介します。

暑さをさけるため説

真夏の暑さからのがれるためとする説。立つことで日光にあたる体の面積を小さくしようとした、また地面の放射熱から頭を遠ざけようとしたという説です。

しかし、太陽は一日中真上にあるわけではありません。また、暑さに弱いなら、昼間は活動しないということもできるはずです。

遠くを見るため説

二足歩行できると遠くが見わたせ、敵を早く見つけることができるためとする説。

しかし、プレーリードッグなど、直立して遠くを見て、逃げるときは四足になる動物もいます。

エネルギー効率説

二足歩行のほうが四足歩行よりエネルギーを効率よく使えるからという説。長距離を歩くことができ、食料を探したり運んだりするのに適していたという考え方です。

草原での生活では、木の実にくらべて栄養価が低い草の根などがおもな食べ物となり、より多くの時間を食料探しに費やさなくてはならなくなったことから、効率が求められるようになったとするものです。

現在

高いところのものをとるため説

直立していれば、高いところにある木の実などをとるのがたやすくなるためという説。

しかし、ものをとるときなどだけ、一時的に立ち上がる動物もいます。

メスにエサを運ぶため説

現在注目されている説は、オスがメスに食べ物を運ぶため、というものです。二足歩行すれば、手を使ってたくさんのエサを運ぶことができ、メスは子育てに専念できます。

この説は、アメリカのオーウェン・ラブジョイ氏の説です。ラブジョイ氏によると、チンパンジーはオスもメスもたくさんいる群れでくらしており、メスをめぐってオス同士ではげしく争います。また、オスにとってはだれが自分の子どもなのかはほとんどわかりません。人類は、進化のどこかの時点でオスとメスがペア（つがい）になるようになったことで、オス同士が争わなくなって犬歯が小さくなり、またオスにとっては自分の子どもがわかるようになるので、オスが自分の子どもとその母親に食べ物を運ぶために二足歩行をするようになった、という考えです。

チンパンジーでも、犬歯が小さくて弱いオスが、食べ物をプレゼントすることでメスの気を引き、気に入ってもらおうとすることはあるのだそうです。犬歯が小さいチンパンジーのように、人類は全体として、エサを運ぶことでメスにアピールする方向に進化してきたのかもしれません。

ここがポイント

なぜ、直立二足歩行がわかったか？

人類が直立二足歩行をはじめたことが、なぜわかったのでしょうか。

それは、当時のものとされる骨からわかりました。

ひとつは骨盤です。人類の骨盤は、二足歩行するときに内臓をささえられるように、どんぶりのような丸い形をしています。一方、チンパンジーなどの類人猿は、平べったい板状になっています。

また、頭の骨にもちがいがあります。頭の骨には、背骨とつながる穴がありますが、チンパンジーでは後ろのほうにあるのに対し、人類の穴は中ほどにあり、頭が背骨の上に位置していることがわかります。

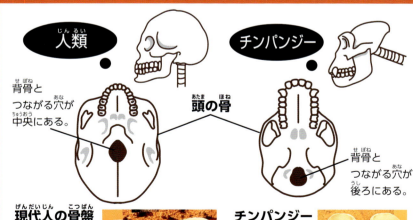

人類：背骨とつながる穴が中央にある。
チンパンジー：背骨とつながる穴が後ろにある。

現代人の骨盤（レプリカ）：内臓をささえられるよう、どんぶり形をしている。

チンパンジーの骨盤（レプリカ）：たてに長く、平べったい形をしている。

写真提供：国立科学博物館

Part 2 ヒトはこうして進化した❺
猿人の登場と進化

700万年前

猿人とは

26ページに記したように、今のところ見つかっているもっとも古い人類の化石は、700万年前から600万年前ごろのサヘラントロプス（属）です。そのころに人類とチンパンジーが共通の祖先から分かれて、それぞれに進化がはじまったとされています。

その後250万年ほど前に誕生する「原人」、ホモ属の人類よりも原始的な人類を「猿人」とよんでいます。

サヘラントロプスの次に古い猿人化石は、同じ26ページで紹介したオロリン（属）です。600万年ほど前の化石と考えられています。次に古いのは、28ページに記したラミダス猿人などのアルディピテクス（属）で、580万年前から520万年前ごろと、440万年前ごろの化石が見つかっています。

さらに420万年前から200万年前ごろまで生息したといわれる、アウストラロピテクス（属）と続きます。

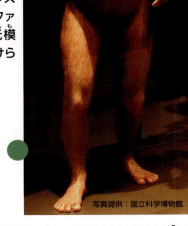

320万年ほど前のアウストラロピテクス・アファレンシスの生体復元模型。ルーシーと名づけられた（P.27参照）。

写真提供：国立科学博物館

アルディピテクスにも、アウストラロピテクスにも、いくつかの種があったと考えられています。

猿人の特徴

猿人は、どの属、種も、脳の大きさはチンパンジーに近く、腕が長いなど類人猿の特徴が多く残っています。ただし直立二足歩行、犬歯が小さいなどの人類の特徴ははっきりと確認されます。

140万年前

現在

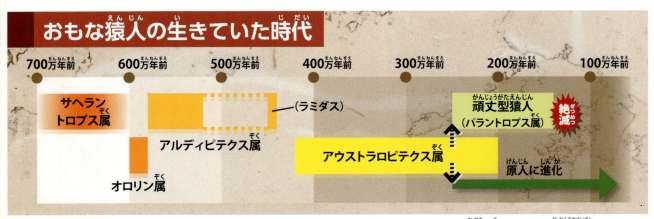

おもな猿人の生きていた時代

700万年前　600万年前　500万年前　400万年前　300万年前　200万年前　100万年前

サヘラントロプス属
アルディピテクス属（ラミダス）
オロリン属
アウストラロピテクス属
頑丈型猿人（パラントロプス属）　絶滅
原人に進化

サヘラントロプス、オロリン、アルディピテクスは、化石が見つかったのが比較的最近のことである。今もまだ研究が途中であり、将来はすべてひとつの属にまとめられる可能性もある。

ヒトはこうして進化した ❺

あごが発達した頑丈型猿人

およそ250万年前になると、アウストラロピテクスは、パラントロプス（属）とよばれる特殊化が進んだ猿人と、初期の原人（ホモ・ハビリス）の2つの系統へと進化していきました。

パラントロプスは、あごや奥歯（臼歯）など、食べ物をかむための器官（咀嚼器官）がとくに大きく発達しているため、「頑丈型猿人」ともよばれます（ただし頑丈なのは咀嚼器官だけのようです）。

頑丈型猿人が登場する250万年ほど前は、地球上で乾燥化が進み、森林がへって草原の多い場所でくらさなくてはならなくなったようです。そうした環境で、かたい草の茎や根を食べるためにかむ力がいっそう必要となり、あごや奥歯が発達したのです。また、食べ物がかたいと歯がすりへる

あごは大きく、奥歯のエナメル質が厚い。
©Reiko Kono

頑丈型猿人の頭の骨（上）とあごの骨（下）（レプリカ）
頭の上にゴリラと同じような出っぱりがあり、これであごの筋肉をささえていたと見られる。なお、頑丈型猿人をひとつの属にするべきかどうかについては、研究者のあいだでも意見が分かれており、アウストラロピテクス属の一部と考える研究者もいる。

頑丈型猿人は、このようなものを食べていたと考えられている（写真は造形）。
写真提供：国立科学博物館

のも早いため、すりへってすぐになくならないように、奥歯のエナメル質はとても厚くなりました。

頑丈型猿人は140万年ほど前には絶滅してしまいましたが、同じ250万年ほど前に登場した原人の系統は、ずっと後の時代まで生きのびました。頑丈型猿人は、とても頑丈な咀嚼器官を手に入れることで、きびしくなった環境に対応したようですが、さて、原人はどんな作戦で生きのびたのでしょうか。次のページで紹介しましょう。

人類学研究室から ❶

化石を見つけてはじめて研究できる

国立科学博物館　河野礼子
（この本を監修している先生です）

「はじめに」で書いたように、私は、生き物としての人間が、どのようにして生まれ、どのように今の人間へとつながってきたのか、おもに進化の視点から研究をしています。

人類の進化の研究にいちばん大切なものは、人類がどのように進化してきたのかを直接教えてくれる化石資料です。生き物のからだの中でも、骨や歯はとてもかたい組織でできているため、化石となって、何百万年、何億年ものあいだ、保存されることがあります。化石が見つかるためには、当時人類がくらしていた場所で、その人類が亡くなった後に遺体がうまく化石になり、さらにその化石がうまく地表に出てくる必要があります。そしてその化石を研究者が見つけてはじめ

ミャンマーで化石を探す河野先生。「アフリカやミャンマーの調査では、『発掘』ということばから思いうかべるような、『掘る』ことはじつはあまりしません。むしろ、化石のふくまれる地層が表面に出てきているあたりを歩きまわって化石を探します。石垣島では、洞窟にたまった堆積物を実際に掘って化石を探しました」（P.58参照）。

て、研究できるようになります。

人類の進化の場合は、化石だけでなく、昔の人類が作った道具（石器など）も大事な情報源です。

私も、アフリカやミャンマー、沖縄の石垣島などの野外調査に参加しています。そして野外調査では、調査そのものはもちろんですが、異国の地での、ときにはふだんの生活よりもずっと不便なくらしや、見なれない食べ物など、いろいろな新しいことに直面するのもまた、私にとっては楽しみのうちです。

人類学研究室から②（45ページ）につづく。

Part 2 ヒトはこうして進化した❻
原人・ホモ属の誕生

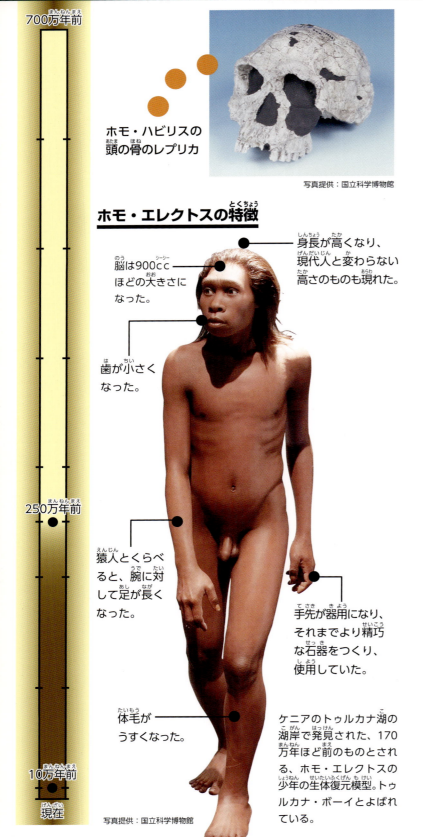

ホモ・ハビリスの頭の骨のレプリカ
写真提供：国立科学博物館

ホモ・エレクトスの特徴

- 身長が高くなり、現代人と変わらない高さのものも現れた。
- 脳は900ccほどの大きさになった。
- 歯が小さくなった。
- 猿人とくらべると、腕に対して足が長くなった。
- 手先が器用になり、それまでより精巧な石器をつくり、使用していた。
- 体毛がうすくなった。

ケニアのトゥルカナ湖の湖岸で発見された、170万年ほど前のものとされる、ホモ・エレクトスの少年の生体復元模型。トゥルカナ・ボーイとよばれている。
写真提供：国立科学博物館

肉や骨髄を食べるようになった

およそ250万年前になって、今の人間と同じホモ属（ヒト属）が生まれました。最初に登場したのはホモ・ハビリスです。ホモ・ハビリスとは、「器用な人」の意味で、石器を使っていたとされています。この後いくつか登場する初期のホモ属を、「原人」とよんでいます。

猿人の時代の食料は、草や果実などの植物や、昆虫などでしたが、ホモ・ハビリスは動物の肉や骨髄（骨の中にあって、血液をつくる、やわらかい部分）を食べるようになったと考えられています。狩りをするというよりもむしろ、肉食動物の食べ残しから、石器を使って肉を切り取ったり、骨をくだいて骨髄を取り出したりして食べていたようです。

ホモ・エレクトスが誕生。脳が大きくなる

その後、180万年ほど前に出現した原人ホモ・エレクトスは、脳が900ccほどと、それまでにない大きさでした。このころ、人類の脳が急激に大きくなったようです。ひとつには、肉などの良質なタンパク質を食べる量がふえていき、そのことが脳の発達にも影響したという説があります。一方で、肉はあくまでも補助的な食料だったという説もあります。この時期、彼らが住んでいた東アフリカでは

乾燥化が進み、森林が減少して草原（サバンナ）が広がったために、ふえた地下茎をうまく利用して食べるようになったことのほうが、食料全体で見ると重要だった、という考えです。

火を使いはじめる？

ホモ・エレクトスの歯は、猿人より歯が小さくなったホモ・ハビリスよりもさらに小さくなり、現代人に近い大きさになりました。また、より洗練された石器をつくることができるようになりました。さらに、火を使いはじめた跡とされるものも150万年ほど前の遺跡から出てきますので、石器と火を使うことで、歯やあごが猿人ほど頑丈でなくても、食べるのに困らなくなった、とも考えられます。しかし火を使った跡を見分けるのは非常にむずかしく、自然におこった火によるものとの区別はなかなかつきません。

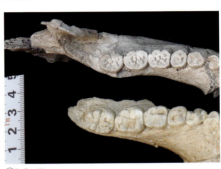

ホモ・エレクトスの歯（上）とアウストラロピテクス・アファレンシス（猿人・390万年前〜290万年前ごろ）の臼歯（奥歯）のならびのレプリカ。ホモ・エレクトスの歯が小さいことがわかる。
©Reiko Kono

ここがポイント：猿人・原人・旧人・新人という用語

「猿人」とは英語の「ape man」の訳語で、「原人」「旧人」「新人」も、もとは英語の用語の訳語として使われたものですが、その後外国ではこれらの用語があまり使われなくなってしまいました。

しかし日本では、「アウストラロピテクス」などカタカナの長い名前よりも漢字のほうがわかりやすいこともあり、また進化の段階を表す用語としては便利なために、これらの用語が今でも残っています。

この本では、「猿人」とは、ホモ属より前の人類のことをさし、「原人」はもっとも初期のホモ属の人類、すなわちホモ・ハビリスやホモ・エレクトスなどをふくみます。「新人」とは、現代人すなわちホモ・サピエンスとほぼ同じ意味です。「旧人」とは、ネアンデルタール人など、原人と新人の中間にあたる人類を意味します。

これらの進化の過程を図にすると、下のようになります。

| 700万年前 | 600万年前 | 500万年前 | 400万年前 | 300万年前 | 200万年前 | 100万年前 | 現在 |

猿人
原人
旧人
新人

Part 2 ヒトはこうして進化した❼
原人の移動

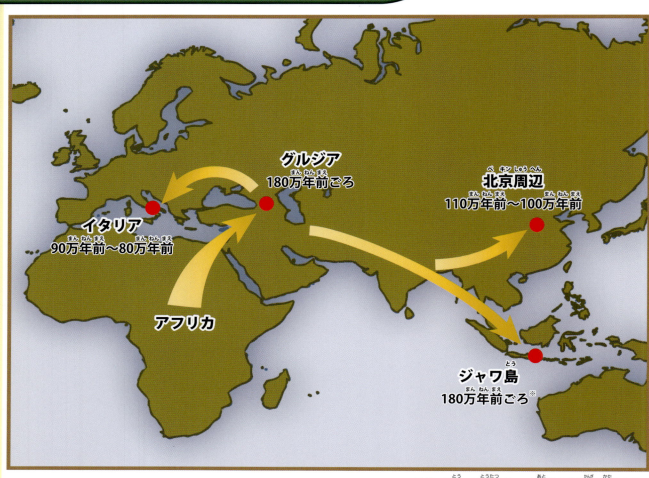

※ジャワ島への到達はもっと後だとする考え方もある。

アフリカから出て、ユーラシアへ

　ホモ・エレクトスは草原で長距離を移動する生活に適応するため、汗をかいて体温の調節がしやすいからだに変化し、体毛も少なくなったようです。足も長くなりました。

　およそ180万年前にはアフリカを出て、現在のグルジア、さらにヨーロッパやアジアに進出していきました。

　1991年に、180万年ほど前のものとされる、アフリカ以外で最古の原人の化石が、グルジアで発見されました。化石から、歯の抜け落ちた人がその後も数年間生きていたことがわかっています。歯がなくなると、当時の生活であれば、生きていけなくなったはずです。おそらく仲間に助けてもらいながら生き続けていたのでしょう。すでに仲間を助けたり、介護をしたりして生活していたと考えられます。

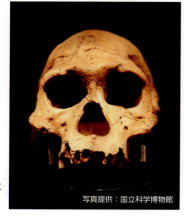

グルジアで発見された頭の骨（レプリカ）

写真提供：国立科学博物館

北京原人は今の中国人の祖先ではない

また、インドネシアでは1890年代にすでにジャワ原人、中国では1920年代に北京原人の化石が発見されています。ジャワ原人は、木の実や小動物の多いゆたかな環境で、アフリカやほかの原人とは異なった生活をしていたようです。

しかし、いずれも現代人の祖先ではありません。北京原人やジャワ原人の子孫は、どちらも10万年ほど前までは生きのびていたようですが、現代人の祖先がやってくるころまでにはほろんでしまいました。

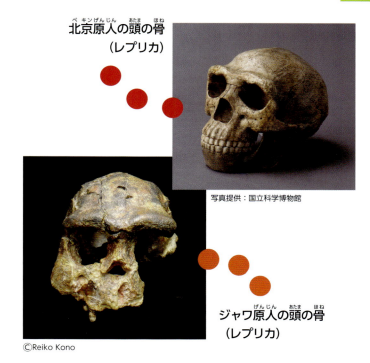

北京原人の頭の骨（レプリカ）
写真提供：国立科学博物館

ジャワ原人の頭の骨（レプリカ）
©Reiko Kono

もっと知りたい　小さなフローレス原人

2003年に、インドネシアのフローレス島で、身長が1mほどのホモ属の骨が発見され、フローレス原人（ホモ・フローレシエンシス）と名づけられました。

早ければ100万年ほど前からフローレス島にいて独自に進化し、1万2000年ほど前まで生息したと見られています。脳のサイズは400cc程度で、チンパンジーほどでしたが、火や精巧な石器を使った跡も見つかっています。

「ホモ属の新種である」「病気だった」などの説がある一方、初期のジャワ原人が島にわたり、小さくなったのではないかという説もあります。孤島では、ウサギより大きい動物は進化の過程で小さくなっていくという例がしばしば確認されています。

フローレス原人の生体復元模型。1mという背の低さからホビットという愛称がある。
写真提供：国立科学博物館

ジャワ島　フローレス島

Part 2 ヒトはこうして進化した ❽
旧人の登場

旧人もアフリカに出現。火を使う

ホモ・エレクトスよりも進化した人類、すなわち旧人は、100万年前から60万年前ごろのアフリカに出現したと考えられています。ヨーロッパでも100万年前前後の人類化石が最近見つかっていますが、断片的なので、旧人段階のものかどうかはまだはっきりしません。50万年前以降になると、スペインや中国などでも、旧人の化石が見つかるようになります※1。

旧人は背が高いことが特徴で、男性は180cmもあったようです。ホモ・エレクトスにくらべて脳がいっそう大きく、1100ccから1400ccくらいあったとされています。

火を本格的に使うようになっていて、動物の肉を調理して食べていたと見られています。

ヨーロッパのネアンデルタール人

今から20万年ほど前、ヨーロッパの旧人から進化して、ネアンデルタール人が登場しました。旧人の中でもネアンデルタール人は、頭の骨やからだのいくつかのはっきりとした特徴をもっていて、ホモ・ネアンデルターレンシスというひとつの種としてまとめられます。

ネアンデルタール人は脳の容量が1500～1600ccと大きく、現代人よりも大きい個体もいたようで、平均しても現代人と同じか少し大きかったようです。体格もよく、寒いところで生きていくのに適応していたと考えら

旧人（ホモ・ハイデルベルゲンシス）の頭の骨（レプリカ）

写真提供：国立科学博物館

※1 旧人化石は、1907年にドイツのハイデルベルクの近くで発見された下あごの化石につけられた、「ホモ・ハイデルベルゲンシス」という名前の人類にまとめられることが多いが、アフリカ、ヨーロッパ、アジアの旧人の互いの関係については、研究者のあいだで意見がまとまっておらず、ほかにも「ホモ・ローデシエンシス」や「ホモ・アンテセソール」など、いろいろな名前が出てくる。

れます。

彼らは石器などを使って狩りをしていたと見られています。とても寒いところにくらしていたので、毛皮などの衣服をまとっていたのではないかと考えられます。スクレイパーという皮をなめす※2のに使ったと思われる石器は見つかっていますが、ぬい物の証拠となる針はもっと後の時代にならないと見つからないので、はっきりしたことはわかりません。

人が死んだ際には、埋葬をしていたのでは

ネアンデルタール人の化石が出土したおもな地点

ヒトはこうして進化した ❽

ネアンデルタール人の特徴

- 身長は165〜180cmくらい、体重80kg以上。
- ほりが深く、鼻は高く、幅広い。
- 顔が大きくひたいが後ろに傾いている。
- 顔の真ん中（鼻と口部分）が前方へ突出している。
- 白い肌、赤い髪だったといわれている。
- あごの下（オトガイ）が出ていない。
- 腕と足が胴体にくらべて相対的に短い。

ネアンデルタール人の生体復元模型
写真提供：国立科学博物館

ネアンデルタール人の頭の骨（レプリカ）。脳の容量は大きかった。
©Reiko Kono

ないかと推定されています。
ネアンデルタール人は、ホモ・サピエンスが誕生してからも生息していましたが、4万年ほど前には姿を消してしまいました※3。

画像提供：リトルワールド

人が死ぬと埋葬をしていたと見られている。

もっと知りたい

白人とネアンデルタール人の白い肌

日光の紫外線をあびすぎるのはよくないといわれますが、緯度の高い地域（北半球では北のほう）では、太陽の光の量が少ないため、逆に紫外線をよく吸収できる白い肌のほうが生きるために有利だとされています。骨や歯を強くするのに必要なビタミンDは、紫外線のエネルギーを利用して作られますが、黒い色は紫外線をはねかえしやすく、逆に白い色は吸収しやすいのです。ネアンデルタール人が白い肌に進化したのも、現代人の白人（コーカソイド）が白い肌に進化したのも、太陽光のとぼしい地域にくらしていたからと考えられています。

※2 「皮をなめす」とは、皮をこするなどして脂肪分を落とし、くさったりかたくなったりするのを防ぐこと。
※3 ネアンデルタール人は、ホモ・サピエンスとも一部混血し、DNAが現代人に受けつがれているという説もあります。

Part 2 ヒトはこうして進化した❾
新人（ホモ・サピエンス）の誕生

旧人から進化

　現在のヒト、すなわちホモ・サピエンスは、やはりアフリカで、20万年ほど前に生まれたと考えられています。アフリカにいた、いわゆるホモ・ハイデルベルゲンシスなどの旧人段階の人類から進化したようです。ホモ・サピエンスとは、「知恵がある人」という意味です。

　ホモ・サピエンスには、それまでの人類に見られない行動が確認されています。南アフリカのブロンボスという洞窟で、7万5000年ほど前の地層から、オーカーとよばれる酸化鉄の石のかたまりがたくさん見つかりました。その中に、明らかに人間が刻んだと思われる模様が発見された、と2002年に報告されたのです。この模様が何を表していたのかはわかっていませんが、模様をえがくということは、抽象的な思考ができるようになっていたと考えられています。

首かざりが見つかる

　またその後、この地層から、同じ位置に穴があけられた貝殻が多数見つかっています。草などでつくったひもをとおして、首かざりとして身につけていたものと見られています。これが、現在までに見つかった人類最古の装身具とされています。

　さらに、このオーカーをけずるのに使われたと思われるハンマーや石臼、貯蔵用に用いたと見られるアワビの貝殻も見つかり、化粧用の粉をつくっていた可能性もあるようです。

オーカーとよばれる酸化鉄のかたまりに、幾何学模様がえがかれていた。
©Chris Henshilwood

人類最古のアクセサリー。首かざりに使ったと思われる、穴のあいた貝殻（レプリカ）

写真提供：国立科学博物館

魚介類を食べはじめた

同じブロンボスの洞窟から、ほかに、ホモ・サピエンスの時代のものと見られる魚の骨が大量に発見され、当時、魚介類を食べていたことがわかりました。

魚介類の利用は、4万年前以降に本格的になったようです。およそ2万年前より新しい遺跡からは、先端に「かえし」のついた、もり先なども見つかるようになります。

魚介類を食べるようになったのは、ホモ・サピエンスから。

先に「かえし」のついた、このようなもりを使って漁をしていたと見られる。

時代のヨーロッパの化石ホモ・サピエンス全体のことを意味するようになりました。

クロマニョン人たちは、後で紹介する石刃技法などによって、より精密な石器をつくっていたことが知られています。そしてその石器を使って、動物の骨や角、きば、卵の殻などを加工した道具（骨角器）もつくっていたようです。

およそ2万年前より新しい遺跡からは、弓矢や投げ槍器も見つかるようになります。それらを使って、遠くにいる動物もとらえられるようになったと考えられています。

弓矢で動物の狩りをはじめた

フランスでは1868年に、クロマニョン岩陰から3万5000年ほど前のホモ・サピエンスの化石が発見されて有名になりました。その後、クロマニョン人といえば、この遺跡の人骨だけでなく、同じ

もっと知りたい ラスコーの壁画

クロマニョン人が住んでいた地域の洞窟で、多くの壁画が発見されています。代表的な壁画は、フランスのラスコー洞窟やスペインのアルタミラ洞窟の壁画です。ラスコーの壁画には、今から1万8000年ほど前にえがかれたものと見られる、数多くの野牛やウマ、ヒツジ、シカ、人間の絵や幾何学模様があります。発見された中で人類最古の絵画とされているのは、フランスのショーヴェ洞窟の壁画です。3万7000年ほど前のものと見られています。

多くの動物がえがかれている、ラスコーの洞窟の壁画

最古の絵画とされる、ショーヴェ洞窟の壁画

Part 2 ヒトはこうして進化した⓾
ホモ・サピエンスの移動

全世界に移動した

ホモ・サピエンスは、10万年前からおそくとも5万年ほど前までにはアフリカを出て、世界各地へ進出したとされています。

その結果、ホモ・サピエンスは世界のきわめて広い範囲に分布しています。ひとつの種がこれだけさまざまな異なる環境に生息している例は、ホモ・サピエンスのほかにはないといわれています。

およそ5万年前、ホモ・サピエンスの一部は東南アジアに向かいました。インドの南の海岸伝いに移動したという説がありますが、当時の海岸線は今よりも沖にあったため、通り道だった場所は今では海に沈んでおり、この説が正しいのかどうか、たしかめるのは困難です。

ついにアメリカ大陸へ

東南アジアから進路を北に向け、マンモスなどを追ってシベリアに向かい、一部は日本列島にたどりついたと見られています。また一部は、アメリカ大陸へわたり、さらに南アメリカまで行きました。

マンモスを追っていた人たちは、「マンモスハンター」とよばれ、寒さに適応していたと見られます。

東南アジアから、一部の人はオーストラリアに移動しました。その当時、東南アジアは

ヒトはこうして進化した ⑩

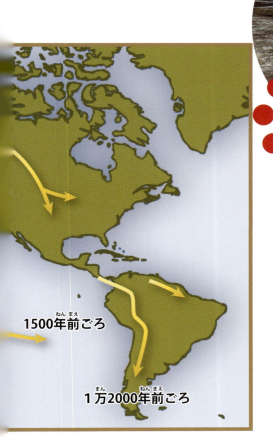

ホモ・サピエンスはシベリアに向かったと見られている。アフリカで生まれた彼らがマイナス数十度という寒さに適応するために、寒さに強い家やあたたかい衣類などをつくれるようになったと考えられている。

1500年前ごろ

1万2000年前ごろ

マンモスハンターたち
©Reiko Ishii

現在のインドネシアの東のほうの島々まで陸続きでした。しかし、オーストラリアへ行くには海をわたる必要がありました。彼らには、航海技術があったものと考えられています。

オーストラリアにわたったオーストラリアの先住民たちには、海をこえるだけの航海技術があったと見られている。さらに太平洋の島々にわたる際には、このような船も使われたのではないかと考えられている。

画像提供：国立科学博物館

もっと知りたい

スンダランド

7万年前から1万6000年前ごろまで、現代の東南アジアのインドシナ半島からマレー半島、インドネシアの一部の島々にかけての海域は、陸地だったといわれ、スンダランドと名づけられています。丸木舟やいかだを使って海で漁をし、人口をふやしていったと見られています。オーストラリアにわたったのも、竹でつくったいかだによったのではないかという説が有力です。

Part 2 ヒトはこうして進化した⓫

脳の進化

脳の容量の変化　これまでに発見されたおもな化石人骨の脳容量と生きていた年代

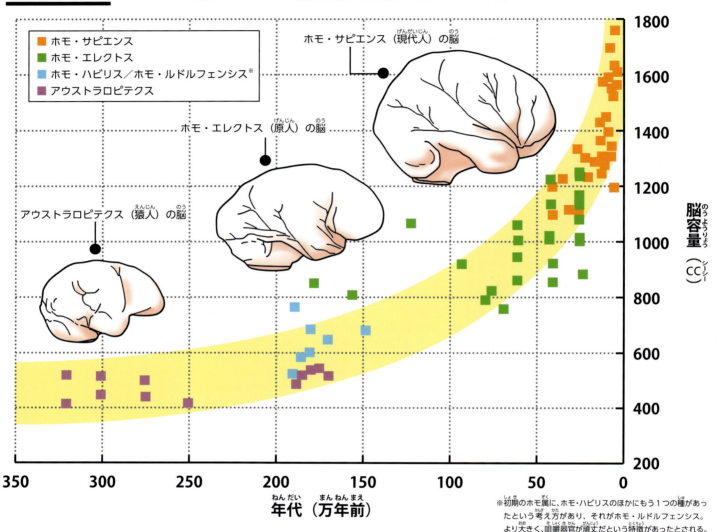

人類誕生から脳の大きさは3倍に

脳はそのまま化石として残ることはめったにありませんが、頭蓋骨の化石から、だいたいの脳の大きさがわかります。

人類がチンパンジーとの共通の祖先から分かれた700万年ほど前、人類の脳の大きさは400ccくらいで、チンパンジーとあまり変わりませんでした。現在のヒトの脳は1400cc前後もあり、最初の人類からおよそ3倍にも大型化しています。

グラフを見るとわかるように、脳の容量が急激に大きくなりだしたのは、原人（ホモ属の人類）が出現したころからです。

脳が発達したのは、ことばを使うようになったことや、複雑で抽象的な思考ができるようになったことも関係しているといわれています。また、道具を使用し、火を使うようになったことも、脳の進化につながったと考えられています。

未熟なまま生まれるようになる

ヒトの脳の大型化によって、困ったこともおきました。それは、子どもを産む作業がたいへんになったことです。まず、直立二足歩行になったために、骨盤の形が変わり、赤ちゃんが通る産道もせまくなりました。さらに頭が大きくなったために、産むのに長時間かかるようになり、介助も必要となったのです。出産に介助が必要な動物はめずらしく、チンパンジーも自分だけで子どもを産みます。

そしてヒトは少しでも楽に出産するために、赤ちゃんが未熟なうちに産むようになりました。ニホンザルは生後1週間から20日くらいで歩きはじめますが、人間は1年もかかります。とくにヒトの赤ちゃんは脳が未熟なまま生まれ、その後早いスピードで脳が成長していきます。

未熟な状態で生まれる人間の赤ちゃん。子育てには長い時間がかかる。

人類学研究室から② まずは観察、計測、そして最新装置も活用

国立科学博物館　河野礼子（写真も）

野外調査で、化石や石器が見つかったら、次のステップにすすみます。まず、人類の祖先がどんな姿をしていたのか、人類がどう進化してきたかを明らかにするために、化石や石器の形をくわしく調べます。骨や歯を研究するには、直接いろいろな向きから観察するだけでなく、ノギスとよばれる道具を使って、あちこちの部位の長さや高さ、幅を計測します。

最近では、外からは見えない形を見るために、病院などでからだの内部を見るのに使われるCTスキャンを利用することもふえました。骨や歯をCTスキャンで「連続輪切り」にすることによって、全体の形の情報をデジタルデータ化でき、パソコンの画面で立体画像として見ることができます。

ノギスとよばれる計測器。

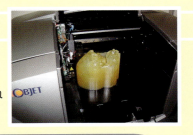
立体の模型をつくれる3Dプリンター

歯の内部を見たり、頭の骨の復元にも役立つ

私は、人類の進化の過程で、歯の形がどのように変化してきたかを調べていますが、歯の外側をおおうエナメル質と、内側にある象牙質との境目の形を見るために、CTスキャンは欠かせません。また、こわれて見つかった頭の骨の化石の復元にも、デジタルデータはとても役に立ちます。貼りつけたりはがしたりすることが、パソコン画面上なら何度でもやり直せますし、残っている半分の形を反転させて足りない半分を補うこともできるからです。

さらに、スマートフォンなどいろいろな製品の開発の際に試作品づくりに使われてきた3Dプリンターを利用すれば、画面で見るだけのデジタルデータから、直接さわって見られる立体の模型をつくることもできます。

CTスキャンで撮影。

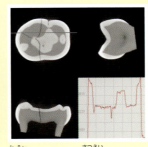
CTスキャンで撮影した、テナガザルの歯の3断面

Part 2 ヒトはこうして進化した⓬
石器・道具の進化

オルドヴァイ型石器（レプリカ）
石で石を打ちかいていて、形は決まっていなかった。

アシュール型石器（レプリカ）
石の両面を打ちかいて、左右対称に形をととのえるようになった。先のとがったこの形の石は握斧（にぎりおの・ハンドアックス）とよばれ、切る、けずる、彫るなど、さまざまな用途に使ったと見られる。

260万年前から石器を使っていた

人類の歴史で、もっとも古いとされる道具は、アフリカのオルドヴァイ渓谷などで発見された、オルドヴァイ型石器です。260万年ほど前からつくられていたと見られています。当時の人類は、チンパンジーのように石をただひろって使うのではなく、するどい形に加工して使っていたことがわかっています。オルドヴァイ型石器が発見された地層からは、解体された動物の骨も見つかっており、石器を使って動物の肉を骨からそぎ落としたり、骨を割って骨髄を取り出したりしていたものと見られています。

このころの石器は、石を別の石でたたき割ってつくっていました。その後、原人の時代、150万年ほど前になると、石のかたまりを両面から打ちかいてつくる、アシュール型石器といわれる石器が使われるようになりました。

石器のさらなる進化

およそ30万年前になると、先に石の表面を割って整えておいてからたたき割ることで、ねらいどおりの形の石器をつくる手法が発達してきます。また、それまで主としてもとの石（石核）そのものを加工した石器が使われていたのが、打ち割られてできた破片（剥片）をさらに加工して、さまざまな用途に適した石器がつくられるようになります。

5万年ほど前からは、石刃技法という、両側のするどいふち（刃）が平行する縦長の石器（石刃）をたくさんたたき取る方法が発達し、ひとつの石からつくられるふち（刃）の長さが格段に長くなりました。石刃技法のもっとも発達したものが、長さ数cm、幅1cm以下のとても小さな石刃をつくりだす、細石刃技法です。

石器はこうしてつくった

オルドヴァイ型石器

石を別の石でたたき割ってつくった。

石刃技法

縦長の石刃を連続してつくりだした。原石を割って、まず打面をつくり、石刃を次々たたき取っていく。

骨や木からも道具をつくる

ホモ・サピエンスの時代には、石刃や細石刃などの技法が発達し、より精巧な石器がつくられるようになります。また、動物の骨からもいろいろな道具をつくるようになりました。するどいナイフや、やり、ぬい針、つり針、火打石、毛皮をはぐ石器、木をけずる石器など、さまざまな目的のための道具が生まれました。

また、木を使ってカヌーをつくり、川や海を移動していたようです。木製の弓もつくられていました。

やりに使った、先をとがらせた石器のレプリカ（フランス）

土器、金属器の登場

土をこねて器の形にし、焼いて土器をつくることがはじまったのは、2万年ほど前のこと。中国の江西省の洞窟で発見された土器が、今のところ、最古のものとされています。土器は、人類がはじめて「化学変化」をおこしてものをつくったという意味で、大きな進化といえます。

さらに、5000年ほど前までには、金属器が使われるようになります。はじめは銅器のみでしたが、やがて銅とすずで青銅器をつくるようになりました。青銅は、どちらも単独ではやわらかい銅とすずを高温にして溶かしまぜ、冷やすとできるかたい金属で、武器や農具に利用されました。

骨製のつり針のレプリカ（オーストラリア）

骨製のぬい針のレプリカ（ウクライナ）

P46、47すべて写真提供：国立科学博物館

Part 2 ヒトはこうして進化した⓭
体毛がうすくなる

700万年前

汗をかくようになったため

サルやチンパンジーはからだじゅうが毛でおおわれているのに、ヒトは、髪の毛などをのぞき、うっすらとうぶ毛が生えているだけです。初期の人類は、チンパンジーと同じように、ほぼ全身に毛がはえていたと考えられます。では、いつごろからなぜ、毛がほとんどなくなったのでしょうか。

毛や肌が化石として残ることはあまりないので、はっきりした証拠はありませんが、人類は、原人のころ、森から草原（サバンナ）での生活になり、体毛がうすくなったと考えられます。草原で長い時間直射日光をあびる生活になったため、体温調節をする必要が生じ、汗をかいて体毛をへらす方向に進化したらしいのです。一般に、体毛の多い動物はほとんど汗をかきません。ヒトはたくさん汗をかきます。どちらが先に進化したのかわかりませんが、体毛がうすくなったことと汗をかくようになったことは関連していると考えられます。体毛が汗の蒸発を邪魔するからでしょう。

サルの体温調節は？

サルやチンパンジーは、森で生活しているために、直射日光にさらされることがほとんどなく、体温調節の必要もあまりありません。

そもそも体毛は、寒さから身を守ったり、ケガを防いだりするために必要なものです。人類は体毛を失ったかわりに、毛皮をはぎとることや、道具や火で身を守ることを覚え、生きのびたのでしょう。

250万年前
← 体毛がうすくなったのはこの頃だったと考えられています。
150万年前
現在

ここがポイント

汗は何のためにかくのでしょうか。汗は、体温を下げるためにかきます。暑いときや運動したときには、体温が上がります。すると、脳がそれを感知して、汗を出すよう指令します。汗が出ると、その汗が蒸発するときにからだの熱をうばって体温が下がるのです。

汗と体温調節のしくみ

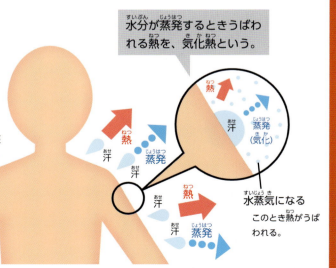

体温が上がると汗が出る。汗が蒸発するときにからだの熱をうばうので、体温が下がる。

水分が蒸発するときうばわれる熱を、気化熱という。

水蒸気になるこのとき熱がうばわれる。

さまざまな体温調節

もっと知りたい

哺乳類と鳥類は、恒温動物といって、体温が気温によって変化せず、一定にたもたれるしくみになっています。ヒトは汗をかくことで体温調節をしていますが、体温調節のしかたは動物によってさまざまです。

イヌ
口をあけて「ハアハア」し、舌から水分を蒸発させて体温を下げる。基本的に暑いときはあまり動かない。

ウマ
ヒトと同じように汗をかく。体毛はあるが、うすい。

ゾウ
耳をパタパタさせる。ゾウの耳にはたくさんの血管があり、熱くなった血液を空気にあてて冷やしている。ウサギも同様、長い耳で調節する。

ウサギ

ライオン
暑いときはあまり動かず、通常、夏の昼間は狩りをしない。夜、暗くなり姿が見えにくくなってから狩りに出る。夜は夏でも寒いので、体毛は必要。

ラクダ
水のない砂漠を何日も歩き続けられる。一度に50〜100リットルもの水を飲み、その水をへらさないように小便の回数が少ない、40度より低い気温では汗をかかない、コブの脂肪で太陽の熱を防ぐなどのしくみをそなえている。

チンパンジー
木の上で生活することで、体温の上昇を防いでいる。汗もかくが、ヒトとくらべるとわずか。

Part 2 ヒトはこうして進化した⓮
火の使用

原人の生活のジオラマ

画像提供：リトルワールド

700万年前

100万年前

現在

火の使用で知能が発達

人類は、火を使うようになってから、大きく進化しました。夜、活動できるようになり、寒さも防げるようになりました。また、加熱調理をすることで、食生活も大きく変わりました。火を使いはじめたことは、知能を発達させ、脳を拡大させる大きな要因になったとも考えられています。

人類がいつから火を使っていたかを調べるのは、たいへんむずかしいとされています。火を使った跡は、雨や風にさらされると残りにくく、また、かみなりや火山活動などによる自然発火との区別も困難だからです。

最近発見された、人類が火を使用した最古の遺跡とされる、たしからしい証拠は、南アフリカの洞窟です。100万年ほど前にホモ・エレクトスが火をくりかえし使用したと見られる跡で、2012年に発見されました。

火を使えることで、いろいろな変化があったことでしょう。図で紹介します。

ヒトはこうして進化した ⑭

火の使用でこんな変化がおこった

明かりとして

火を照明として使うことで、暗い夜でも活動ができるようになった。

獣よけ・虫よけ

天敵である獣や虫から身を守ることができるようになった。

暖をとる

火であたたまることができるようになり、寒いところにも住めるようになった。

加熱調理

火をとおす調理によって、肉や野菜が食べやすく、また消化、吸収しやすくなった。

仲間と協力

火をおこすことはむずかしかったため、仲間で協力しておこし、ともに利用するようになり、集団生活をする必要性が増したと考えられる。

ここがポイント　加熱調理の意味

加熱調理するようになったことは、人類にとって大きな進歩でした。加熱によって、でんぷん質やタンパク質が化学変化をおこし、かみ切りやすく、また消化、吸収しやすくなりました。食べにくかったイモ類や根なども、やわらかく、おいしくなり、食べられる食材は大幅にふえたと考えられます。さらには、寄生虫や細菌や有毒物質もへらすことができるようになり、寿命が伸びたと推定されます。食料を長く保存できるようになったことも大きな変化でした。

ことばを使いはじめる

Part 2 ヒトはこうして進化した⑮

のどの構造が変わって、ことばを発することができるようになった

ヒトがことばを話すことでコミュニケーションをはかるようになったのは、いつごろからだったのでしょうか。話されたことばは文字のように残されていないので、はっきりとはわかりません。どんなに早くても、30万年前くらいだろうと考えられています。

ことばを使えるようになるためには、のどがそれに適した構造になっている必要があります。チンパンジーはとても知能が高いことが知られていますが、のどの構造がちがうため、ことばは発声できないのです。

ヒトは直立二足歩行をするようになって、前に突き出ていた頭が首の上にのり、あごが引っこみ、口からのど、首までの構造が変わっていきました。舌の奥にあった喉頭という器官と声帯が、もとの場所におさまらなくなり、首のほうまで下がって、上に大きな空間ができました。この広い空間を使って、声帯で出した音を変化させ、さまざまな音を出すことができるようになったのです。チンパンジーは声帯と喉頭が舌の奥にあるので、声を変化させるための空間がせまく、さけび声のような単純な声しか出せません。

チンパンジーは人間のような声を出すことができない

700万年前

30万年前

現在

ヒトとチンパンジーののどの構造

チンパンジー
鼻腔／舌／咽頭／喉頭／声帯

チンパンジーの喉頭は上のほうにあるため、咽頭が短い。また、声帯でつくられた音源をさまざまな母音「あいうえお」につくりかえることはできない。

ヒト
鼻腔／舌／咽頭／喉頭／声帯

ヒトの喉頭はのどぼとけにあたる位置にある。上の「咽頭」とよばれる空間が長く、広い。

喉頭の移動で、食べものをのどにつまらせることに

ヒトののどは、喉頭と声帯が下がったために、鼻から入った空気が肺に送られる道（気道）と、口から入った食べ物が胃に送られる経路（嚥下道）が、いったんのどの奥でいっしょになり、そこからまた食道と気管に分かれるというしくみになっています。

食べ物が食道に送られるときには気管にふたがされ、息ができないようになっているのですが、まちがって食べ物が気管のほうに入ってしまいそうになることもあります。そんなときは、せきこんで防ぐのですが、お年寄りなどはうまくいかず気管に食べ物が入り、肺炎になってしまうこともあります。

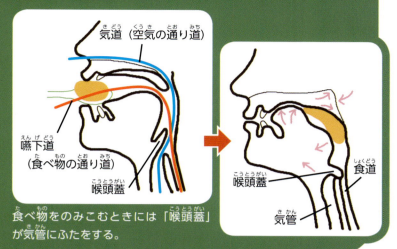

食べ物をのみこむときには「喉頭蓋」が気管にふたをする。

ネアンデルタール人はことばを話したのか？

脳が大きかったネアンデルタール人は、ホモ・サピエンス以外の人類で唯一、ことばを話していた可能性があるといわれています。ネアンデルタール人ののどの構造はホモ・サピエンスとはちがったとか、のどの構造はそれほどちがっていなかったが「い」の音が発音しにくかったなど、いろいろな研究結果が報告されています。

直接的な証拠としては、ネアンデルタール人の舌骨という、ことばを話すときに役立つ骨の化石が見つかっており、これが私たち現代人のものとよく似ているようです。

そのほかにも神経の太さや、脳の中でもことばに関係する部分の発達具合など、化石からわかることをいろいろ調べていますが、「ことば」そのものは化石にならないので、本当のところをたしかめるのはむずかしく、まだ結論は出ていません。

ことばによって高度な文明が生まれた

ことばによって、ものや人に名前をつけたり、あいさつをしたり、要求を伝えたり、調理のしかたや道具のつくり方、危険のさけ方など、くらしていくうえで必要な知恵を伝えることができるようになったはずです。身ぶり手ぶりやうなり声だけでコミュニケーションをとることにくらべ、飛躍的に多くの複雑なことをたやすく伝えられるようになりました。ことばが使われるようになり、さらには文字が生まれ、世代をこえて知恵や知識が伝承されるようになって、高度な文明が生まれたと考えられています。

Part 2 ヒトはこうして進化した⑯

芸術の誕生

狩りの成功を祈って壁画を描いた？

ホモ・サピエンスの遺跡から、7万5000年ほど前のものとされる幾何学模様の描かれた石（オーカー）や、首かざりと見られる貝殻の跡、洞窟に描かれた壁画が発見されたことは、40～41ページで記しました。

人類は、古くから絵を描いたりアクセサリーを身につけたりしていたのです。ただ、こうした絵や首かざりは何のためのものだったのか、はっきりとはわかっていません。

壁画には、おもにウシやシカなどの動物が生き生きと描かれていました。当時は狩猟をしたので、狩りがうまくいくようにという願いを込めて描いたという説が有力です。また、シャーマン（呪術師）といわれる、占いや祈禱をおこなう人が描いたという説もあります。

最古の彫刻

2008年には、ドイツ南西部、ウルムの町の近郊にあるホーレ・フェルス洞窟で、現存する彫刻としては世界最古と見られる女性像が発見されました。およそ3万5000年以上前に、マンモスの牙からつくられたと見られています。また、オーストリアのヴィレンドルフ近くの旧石器時代の遺跡では、2万4000年前

700万年前

7万5000年前

現在

アルタミラの壁画

ポリネシアで発見された、クジラの歯でできたネックレス（レプリカ）。アクセサリーは世界各地でつくられている。

写真提供：国立科学博物館

日本の縄文時代の土製のイヤリング

写真提供：国立科学博物館

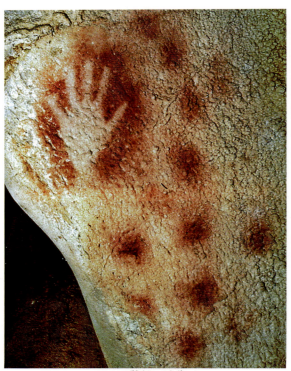

フランスのペシュメルル洞窟の壁画。女性のものと思われる手形が多く描かれている。

から2万2000年前ごろに彫られたと見られる女性像も発見されています。どちらも胸など女性のからだの特徴が強調されています。

ホーレ・フェルス洞窟から少しはなれた別の洞窟では、頭がライオン、からだが人間の、3万2000年ほど前の作とされる象牙の彫刻が発見されています。

ヴィレンドルフの女性像（レプリカ）

頭がライオン、からだが人間のライオンマン（レプリカ）

最古の楽器

ホーレ・フェルス洞窟からは、ハゲワシの骨やマンモスの牙からつくられたフルートも見つかりました。ハゲワシの骨でつくられたフルートのほうは、指で押さえる穴が5つあり、口をあてる部分にはV字型の切りこみがありました。すぐ近くの別の洞窟から見つかったフルートが、4万年以上前までさかのぼるとの研究結果もあり、人類は遅くとも4万年ほど前には楽器をつくるようになったようです。

これはドイツで発見された、3万3000年ほど前の白鳥の骨製フルート（レプリカ）

もっと知りたい

アクセサリーはなんのため？

40ページで紹介した、貝殻でできた最古の首かざりといわれているものには、どんな意味があったのでしょうか。現代のように、おしゃれのためのものだったのでしょうか。

文字で記録される以前の遠い昔のことに、どんな意味があったかということは、はっきりとはわからず、推測するしかありません。

もっと近い歴史の中では、装身具には敵から身を守る「おまもり」の意味があったり、地位や身分を表すものとして身につけたりした例もありました。

最古の首かざりについても、美しく飾るという目的もあったかもしれませんが、ほかにも、祈りや呪術、魔除けなど、宗教的な意味があったかもしれま

南アフリカのブロンボス洞窟で発見された、貝殻の首かざり（レプリカ）

せん。

このほか、首かざりは、仲間であることを確認するのが目的だったのではないかという説があります。当時のアフリカの草原では、食料を確保するために敵と闘ったり、肉食動物から身を守ったりするために、仲間と協力しあうことが不可欠でした。そのため、同じグループの人間だということがひと目でわかる必要があったのではないかというのです。すなわち、ユニフォームや身分証のような役割があったという説です。

Part 2 ヒトはこうして進化した⓱
農耕のはじまり、文明の誕生

肥沃な三日月地帯

● 農耕をしていたと見られる遺跡

ヤギやヒツジの牧畜もはじまった。

麦の種をまき、育て、収穫するようになった。麦などの穀物は果物や肉とちがって長く保存がきくので、寒い時期に食料を探さなくてすむようになった。

食料生産のはじまり

人類は何百万年ものあいだ、動物をとらえたり、植物を採ったりして、食料を得てくらしていました。

しかし、1万2000年ほど前には、種をまき、育て、収穫するという「農耕」がはじまりました。それまで、自然にたよって食料を得るだけだったのが、自分たちで食料を生産することになったのです。そのころ、世界的に気温の低下がおこったため、あるいは人口がふえたために、それまでのように自然の中で食料を得にくくなったことがきっかけと見られています。

人類が農耕をしていたことを示すもっとも古い遺跡は、「肥沃な三日月地帯」とよばれる西南アジアの帯状の地域の、いくつかの地点で見つかっています。今のイランからイラク、トルコ、シリアにかけての地域です。

中国の長江流域で、稲の栽培が1万5000年ほど前にはじまったという説もありますが、確実な稲作農耕の証拠が見つかるのは、およそ8000年前以降の遺跡からです。

農耕がはじまったのとほぼ同じころ、ヤギやヒツジなどを家畜として飼う「牧畜」もはじまりました。

穀類だけでなく、動物の肉や乳も継続的に得られるようになったのです。

村が生まれる

農耕がはじまると、食料が得やすくなって飢え死にする人がへり、人口がふえていきました。稲や麦を栽培したり、家畜を育てたりするため、人々は移動することをやめ、定住するようになります。そこには村が生まれました。村にはリーダーも出てきました。

ただし、農耕がはじまる以前に、すでに集団で定住し、野生の麦でパンを焼く生活をしていたとする説もあります。リーダーも生まれていて、その結果、農耕がうながされたというものです。

食料に余分ができて、土器などに貯蔵できるようになると、たくさん蓄える者とそうではない者とのあいだに貧富の差が生まれました。

都市国家、文明の誕生

村はやがて町になり、さらに人口がふえ、5000年ほど前には都市国家が生まれます。王や神官などが人々を支配する、階級社会が生まれました。最古の都市国家として知られているのは、メソポタミア地方にシュメール人がつくった都市国家です。現在のイラクのあたりです。

かれらは農耕に必要な水を雨にたよるのではなく、川から水路を引いて水を供給していました。これを「灌漑」設備といいます。灌漑によって農業が安定すると、人口がさらにふえました。やがて、銅や青銅などの金属器が使われるようになり、くさび形文字が生まれます。

この文明をメソポタミア文明とよんでいます。同じころ、エジプトにも文明が生まれました。ゆたかな土壌とゆたかな水によっておこった農耕がもとになり、文明がさかえます。エジプト文明は、その後長く続きました。

4100年ほど前に建てられたとされる、シュメール人の都市国家ウルの、ジッグラトという建造物。ジッグラトは日干しレンガを何層にも重ねてつくられており、いちばん上が神殿になっている。

くさび形文字が書かれたハンムラビ法典（メソポタミアでシュメール人の後にさかえたバビロニアの法典）。

4600年ほど前に建設されたと見られるエジプトのピラミッド。王の権力を示すために築かれたのではないかと考えられている。エジプトでは、いくつもの村落が2つの王国にまとまり、やがて統一王朝の古代エジプト王国となった。

Part 2 ヒトはこうして進化した⑱
日本人のルーツ

4万年前～3万年前ごろ住みはじめた

　日本に人が住んでいた跡でもっとも古いものは、骨の証拠としては4万年前から3万年前ごろの子どもの化石人骨で、沖縄の山下町の洞窟で見つかっています。もしかしたらもっと古い原人や旧人がいたのかもしれませんが、証拠が残っていません。日本の土は酸性の火山灰が多く、人骨が溶けやすく、化石として残りにくいため、古い人骨が見つかりにくいのです。

　沖縄では、港川というところで、1万8000年ほど前の人類の頭や手足のそろったほぼ完全な人骨が発見されています。また最近になって石垣島の新しい空港の敷地にある洞窟から人骨が見つかり、調査したところ、2万年前よりも古い旧石器時代のものであることがわかりました。

　本州では、静岡県浜松市浜北で発見された人骨が最古のものとされています。

大陸と陸続きだった

　北海道からはマンモスの化石が見つかっています。氷河期の終わりごろ、海面が低く、大陸と北海道が陸続きだったと見られています。このときマンモスやヘラジカを追ってヒトが歩いてわたってきたという説もありますが、はっきりしていません。

　現在までに見つかっている石器からも、日本列島に人が住みはじめたのは4万年前から3万年前ごろと考えられています。

　その後1万数千年前に土器が発明されるまでの時代を、旧石器時代とよんでいます。この時代に、日本では多数の磨製石器がつくられていたことがわかっています。ほとんどが4万年前から3万年前ごろにつくられたと見られ、磨製石器としては世界最古とされています。

港川人の人骨（レプリカ）

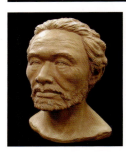

沖縄の港川で見つかった人骨は港川人とよばれている。顔の特徴は、日本の縄文人より、インドネシアの化石人類などに似ているともいわれ、東南アジアにルーツがあるのではないかと考えられている。

写真提供：国立科学博物館

2007年、沖縄県石垣島に新たな空港をつくるための調査中に発見された洞窟から、人骨が見つかった。さらに、この人骨からDNAを取り出すことに成功。古代人のDNAとしては国内最古のもので、分析の結果、東南アジアなど南方から北上してきた人類と見られている。上は遺跡発掘現場、右は見つかった頭の骨。

写真提供：沖縄県立埋蔵文化財センター

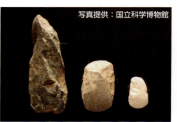

写真提供：国立科学博物館

世界最古の刃部磨製石斧。木の柄に取りつけ、木を切ったり、土を掘ったり、農作業などに使ったと見られる。

日本人はどこからやってきたか？

日本列島にいつ、どこから渡来してきて日本人が形成されていったのか、さまざまな説があるが、矢印のような複数のルートでわたってきたと見られている。

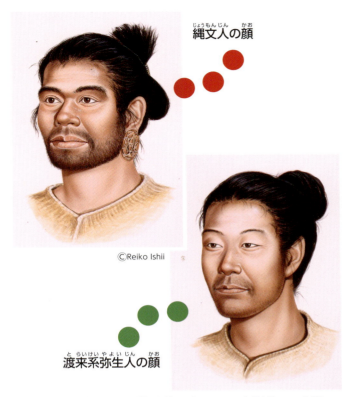

縄文人の顔

渡来系弥生人の顔

弥生時代以降、従来日本に住んでいた縄文人と、渡来してきた弥生人とが混血をくりかえし、今の日本人につながっていったと見られている。ただし、縄文人と一口にいっても、遺伝子を調べると、そのルーツは多様であることがわかっている。数万年のあいだに、南からも北からもさまざまなルーツの人がくりかえし入りこんできたようだ。

縄文時代の土器は芸術品

土器がつくられ使用されはじめてから、稲作文化がはじまるまでの、およそ1万5000年前から2900年前までを、縄文時代とよんでいます。日本でつくられていた土器は、世界最古の部類に入るとされています。縄文時代の土器は、名前のとおり縄で文様がつけられたものです。さまざまな装飾がほどこされたものもあり、単なる生活用品にとどまらず、一種の芸術品ともいえます。

縄文土器。おもに煮炊きや貯蔵のために使っていたと見られている。形や文様にはさまざまなものがある。何のために文様をつけたのか、はっきりわかっていない。

写真提供：国立科学博物館

渡来系弥生人の登場

2900年ほど前※、それまでの縄文人とは異なる顔だちやからだつきの人びとが、大陸からやってきました。渡来系弥生人とよばれています。彼らによって、水田での稲作や金属器の文化が伝えられたと考えられています。

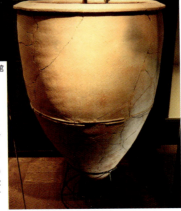

弥生土器。縄文土器にくらべると薄くかたく、また明るく赤みがかった色をしている。縄文土器よりも高い温度で焼いていたものと考えられている。模様は縄文土器にくらべ少なくなっている。

※従来2300年前ごろといわれていた弥生時代のはじまりは、最近見直され、もっと古い時代であったと考えられるようになりました。

Part 2 ヒトはこうして進化した⑲

進化とは何か

進化は突然変異から

人間のからだは、およそ60兆個の細胞からできています。そのひとつひとつの細胞に、2万個から2万5000個もの、親から子へと伝わった遺伝子が入っています。基本的には、どの細胞にある遺伝子のセットも同じもので、同じ遺伝情報をもっています。つまり、髪の毛の細胞も、つめの中の細胞も、心臓の中にある細胞も、同じ遺伝情報をもっているのです。

遺伝子は、DNA（デオキシリボ核酸）とよばれる物質に書きこまれた情報のまとまりです。DNAは4種類の「塩基」という物質がつながったくさりが2本、らせん状にからまりあった構造をしています。この塩基のならび方が文字のような役割をはたし、体質や顔かたち、病気へのかかりやすさなどを決めています。DNAは生命の設計図ともいわれています※。

この設計図、すなわち遺伝情報は、子孫へとほぼ正確に伝えられていきます。しかし、まれにまちがって伝えられることがあり、これを「突然変異」とよんでいます。ほとんどの突然変異は有害なものか、もしくは毒にも薬にもならない無意味なものです。有害な突然変異がおこると、死をもたらすことも多くあります。ただ、たまに、環境に適するように変化した、有益な突然変異がおこります。するとその遺伝子をもった個体は、生きやすいので子孫をふやしていき、やがて新たな種となることもあります。これが「進化」です。

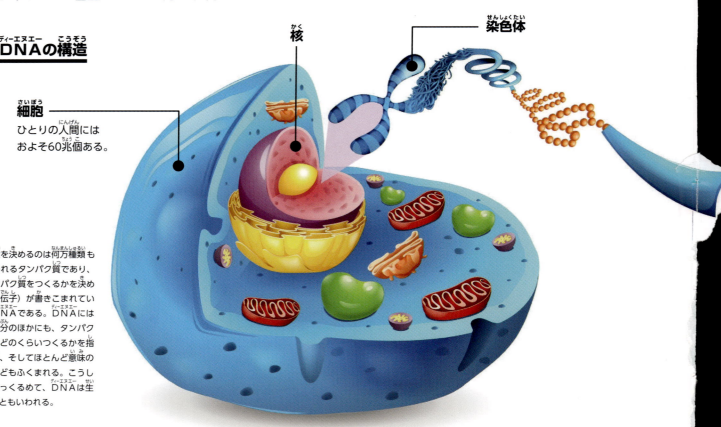

DNAの構造

細胞
ひとりの人間にはおよそ60兆個ある。

核

染色体

※人間の特徴を決めるのは何万種類もあるといわれるタンパク質であり、どんなタンパク質をつくるかを決める情報（遺伝子）が書きこまれているのが、DNAである。DNAには遺伝子の部分のほかにも、タンパク質をいつ、どのくらいつくるかを指令する部分、そしてほとんど意味のない部分などもふくまれる。こうした全体をひっくるめて、DNAは生命の設計図ともいわれる。

進化は偶然が重なっておこる

進化は、偶然の突然変異によって生じるわずかなちがいが、長いあいだに蓄積されておこります。すべての生物は、遺伝子の突然変異によって進化していくといえます。

進化は、したくてするものではありません。高いところにある葉を食べたいと思っていたからキリンの首が長くなったのではなく、空を飛びたいと思っていたから鳥に進化したわけではありません。たまたま首の長い遺伝子に突然変異したキリンが、楽にたくさんのエサを得られるようになり、生存率が上がり、首の長いキリンがふえていったのです。

昆虫でも同じです。葉っぱの色と似た色をした虫がいます。この虫は葉と同じ色になろうとして進化したのではなく、たまたま葉の色になる遺伝子に突然変異した虫が生きやすく、子孫を多く残していったのです。

また進化は、生存率に影響を与えない突然変異が、まったくの偶然によってその生物に定着することでもおこります。

突然変異から進化する

遺伝子のひとつのまとまり

| A | A | G | C | C | T | A | G | A | T | T | T | G | C |
| T | T | C | G | G | A | T | C | T | A | A | A | C | G |

このA（アデニン）、G（グアニン）、C（シトシン）、T（チミン）とよばれる4種類の「塩基」という物質のならび方が、人のからだの特徴を決めている。

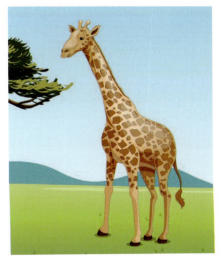

首の長い遺伝子に突然変異したキリンがエサを得やすくなり、子孫をふやした。

さくいん

あ

アウストラロピテクス（属） ····· 26,32,33,35,44
アウストラロピテクス・アファレンシス
　·· 26,27,32,35
アクセサリー ························· 54,55
アシュール型石器 ························ 46
アダピス類 ································ 24
アルディピテクス（属） ············· 29,32
アルディピテクス・ラミダス ······· 27,29
遺伝子 ································ 9,60,61
エナメル質 ·························· 15,33,45
猿人 ················· 8,9,15,22,26,32,35,44
大型類人猿 ····························· 9,25
奥歯（臼歯） ···················· 14,15,29,33
オモミス類 ································ 24
オランウータン ·························· 9,13
オルドヴァイ型石器 ················ 18,46,47
オロリン（属） ·························· 26,27,32

か

頑丈型猿人 ····························· 32,33
旧人 ································ 9,22,35,38,40
旧石器時代 ································ 58
狭鼻猿類 ·································· 24
金属器 ··································· 47,59
クロマニョン人 ··························· 41
芸術 ······································· 54
犬歯 ································ 14,15,29

げ

原人 ································ 9,22,34,35,36,44
広鼻猿類 ·································· 24
小型類人猿 ······························· 25
ことば ·································· 44,52,53
ゴリラ ·································· 9,13,24

さ

サヘラントロプス（属） ············· 26,27,32
サル ······································· 24,48
ジャワ原人 ································ 37
縄文時代 ·································· 59
縄文人 ···································· 59
縄文土器 ·································· 59
真猿類 ···································· 24
新人 ······································· 35,40
スンダランド ···························· 42,43
石刃技法 ································ 46,47
石器 ································ 35,38,41,46,47,58

た

体温調節 ·································· 49
体毛 ······································· 48,49
打製石器 ·································· 18
直立二足歩行 ········· 12,14,18,26,28,30,31,45,52
チンパンジー ········ 8,9,10,11,12,13,15,16,17,19,26,29,31,37,44,45,46,48,49,52
DNA ································ 58,60,61

テナガザル	9,25
道具	18,19,46,47
トゥルカナ・ボーイ	34
土器	47,58,59
突然変異	60,61
渡来系弥生人	59

な

ナックルウォーク	13,29
ニホンザル	24,25,45
日本人	58,59
ネアンデルタール人	35,38,39,40,53
脳	16,17,26,29,34,39,44,45,53
農耕	56,57

は

博物館	22
パラントロプス（属）	32,33
火	35,44,50,51
ピグミーチンパンジー	8,9
ヒト科	9
ヒト族	9
プレシアダピス類	25
フローレス原人	37
文明	53,56,57
北京原人	37
ボノボ	8,9,12,13
ホモ属（ヒト属）	34,44
ホモ・エレクトス	34,35,36,38,40,44,50
ホモ・サピエンス	8,9,39,40,41,42,43,44,47,53,54
ホモ・ネアンデルターレンシス	38
ホモ・ハイデルベルゲンシス	38,40
ホモ・ハビリス	33,34,35,44

ま

磨製石器	58
マンモスハンター	42,43
港川人	58

や

弥生時代	59
弥生土器	59

ら

ラスコーの壁画	41
ラミダス猿人	27,28,29,32
類人猿	9,24,25,31
ルーシー	27,32
霊長類	24,25

上の頭骨の写真提供：国立科学博物館

■監修者紹介

河野 礼子（こうの れいこ）

国立科学博物館人類研究部研究主幹。東京都生まれ。東京大学理学部生物学科（植物学）卒業、同大大学院理学系研究科生物科学専攻（人類学）修了。理学博士。2002年より国立科学博物館研究員となる。おもな研究テーマは、ヒトと類人猿の歯の形の進化とその意義を探ること。また3次元形状のデジタル化の手法を生かして、インドネシアや日本の化石人骨の分析研究にも参加している。
2005年 Anthropological Science 論文奨励賞受賞。
著書に『歯科に役立つ人類学 ～進化からさぐる歯科疾患～』（金澤英作・葛西一貴編著、わかば出版、2010年〈分担執筆〉）、『自然科学30のなぜ？ どうして？ ～国立科学博物館の展示から～』（国立科学博物館編著、さ・え・ら書房、2010年〈分担執筆〉）などがある。

- ●編集・文／榎本編集事務所
- ●カバー＆本文デザイン、本文イラスト／チャダル108
- ●写真提供・協力／写真に表示されているものを除き、123rf、photolibrary、PIXTA
  P.1の右上の写真と左下の写真提供：国立科学博物館

©のクレジットが付いた写真は、クリエイティブ・コモンズ・ライセンス
(http://creativecommons.org/licenses/)のもとに利用を許諾されています。

＊本書は、2014年11月現在の情報に準拠しています。

写真提供：国立科学博物館

人類の進化大研究
700万年の歴史がわかる

2015年3月10日　第1版第1刷発行

監修者	河野 礼子
発行者	山崎 至
発行所	株式会社PHP研究所

　　　　東京本部　〒102-8331　東京都千代田区一番町21
　　　　　児童書局　出版部　TEL 03-3239-6255（編集）
　　　　　　　　　　普及部　TEL 03-3239-6256（販売）
　　　　京都本部　〒601-8411　京都市南区西九条北ノ内町11
　　　　　PHP INTERFACE http://www.php.co.jp/
印刷所　凸版印刷株式会社
製本所　東京美術紙工協業組合

© PHP Institute, Inc. 2015 Printed in Japan
落丁・乱丁本の場合は、弊社制作管理部（TEL 03-3239-6226）へご連絡ください。
送料弊社負担にてお取り替えいたします。
ISBN978-4-569-78452-6
NDC469　63P　29cm